海上絲綢之路基本文獻叢書

蠶桑萃編（四）

〔清〕衛杰 編

文物出版社

圖書在版編目（CIP）數據

蠶桑萃編．四 /（清）衛杰編．-- 北京 ： 文物出版社，2023.3
（海上絲綢之路基本文獻叢書）
ISBN 978-7-5010-7936-0

Ⅰ．①蠶… Ⅱ．①衛… Ⅲ．①蠶桑生産－中國－清代 Ⅳ．①S88

中國國家版本館 CIP 數據核字（2023）第 026257 號

海上絲綢之路基本文獻叢書

蠶桑萃編（四）

編　　者：〔清〕衛杰
策　　劃：盛世博閱（北京）文化有限責任公司

封面設計：鞏榮彪
責任編輯：劉永海
責任印製：王　芳

出版發行：文物出版社
社　　址：北京市東城區東直門内北小街 2 號樓
郵　　編：100007
網　　址：http://www.wenwu.com
經　　銷：新華書店
印　　刷：河北賽文印刷有限公司
開　　本：787mm×1092mm　1/16
印　　張：14.75
版　　次：2023 年 3 月第 1 版
印　　次：2023 年 3 月第 1 次印刷
書　　號：ISBN 978-7-5010-7936-0
定　　價：98.00 圓

總緒

海上絲綢之路，一般意義上是指從秦漢至鴉片戰争前中國與世界進行政治、經濟、文化交流的海上通道，主要分爲經由黄海、東海的海路最終抵達日本列島及朝鮮半島的東海航綫和以徐聞、合浦、廣州、泉州爲起點通往東南亞及印度洋地區的南海航綫。

在中國古代文獻中，最早、最詳細記載『海上絲綢之路』航綫的是東漢班固的《漢書·地理志》，詳細記載了西漢黄門譯長率領應募者入海『齎黄金雜繒而往』之事，書中所出現的地理記載與東南亞地區相關，并與實際的地理狀况基本相符。

東漢後，中國進入魏晋南北朝長達三百多年的分裂割據時期，絲路上的交往也走向低谷。這一時期的絲路交往，以法顯的西行最爲著名。法顯作爲從陸路西行到印度，再由海路回國的第一人，根據親身經歷所寫的《佛國記》（又稱《法顯傳》）一書，詳細介紹了古代中亞和印度、巴基斯坦、斯里蘭卡等地的歷史及風土人情，是瞭解和研究海陸絲綢之路的珍貴歷史資料。

隨着隋唐的統一，中國經濟重心的南移，中國與西方交通以海路爲主，海上絲綢之路進入大發展時期。廣州成爲唐朝最大的海外貿易中心，朝廷設立市舶司，專門管理海外貿易。唐代著名的地理學家賈耽（七三〇～八〇五年）的《皇華四達記》記載了從廣州通往阿拉伯地區的海上交通『廣州通海夷道』，詳述了從廣州港出發，經越南、馬來半島、蘇門答臘島至印度、錫蘭，直至波斯灣沿岸各國的航綫及沿途地區的方位、名稱、島礁、山川、民俗等。譯經大師義净西行求法，將沿途見聞寫成著作《大唐西域求法高僧傳》，詳細記載了海上絲綢之路的發展變化，是我們瞭解絲綢之路不可多得的第一手資料。

宋代的造船技術和航海技術顯著提高，指南針廣泛應用於航海，中國商船的遠航能力大大提升。北宋徐兢的《宣和奉使高麗圖經》詳細記述了船舶製造、海洋地理和往來航綫，是研究宋代海外交通史、中朝友好關係史、中朝經濟文化交流史的重要文獻。南宋趙汝适《諸蕃志》記載，南海有五十三個國家和地區與南宋通商貿易，形成了通往日本、高麗、東南亞、印度、波斯、阿拉伯等地的『海上絲綢之路』。宋代爲了加强商貿往來，於北宋神宗元豐三年（一〇八〇年）頒布了中國歷史上第一部海洋貿易管理條例《廣州市舶條法》，并稱爲宋代貿易管理的制度範本。

元朝在經濟上採用重商主義政策，鼓勵海外貿易，中國與世界的聯繫與交往非常頻繁，其中馬可·波羅、伊本·白圖泰等旅行家來到中國，留下了大量的旅行記，記録元代海上絲綢之路的盛況。元代的汪大淵兩次出海，撰寫出《島夷志略》一書，記録了二百多個國名和地名，其中不少首次見於中國著録，涉及的地理範圍東至菲律賓群島，西至非洲。這些都反映了元朝時中西經濟文化交流的豐富内容。

明、清政府先後多次實施海禁政策，海上絲綢之路的貿易逐漸衰落。但是從明永樂三年至明宣德八年的二十八年裏，鄭和率船隊七下西洋，先後到達的國家多達三十多個，在進行經貿交流的同時，也極大地促進了中外文化的交流，這些都詳見於《西洋蕃國志》《星槎勝覽》《瀛涯勝覽》等典籍中。

關於海上絲綢之路的文獻記述，除上述官員、學者、求法或傳教高僧以及旅行者的著作外，自《漢書》之後，歷代正史大都列有《地理志》《四夷傳》《西域傳》《外國傳》《蠻夷傳》《屬國傳》等篇章，加上唐宋以來衆多的典制類文獻、地方史志文獻，集中反映了歷代王朝對於周邊部族、政權以及西方世界的認識，都是關於海上絲綢之路的原始史料性文獻。

海上絲綢之路概念的形成，經歷了一個演變的過程。十九世紀七十年代德國地理學家費迪南・馮・李希霍芬（Ferdinad Von Richthofen，一八三三～一九〇五），在其《中國：親身旅行和研究成果》第三卷中首次把輸出中國絲綢的東西陸路稱爲『絲綢之路』。有『歐洲漢學泰斗』之稱的法國漢學家沙畹（Édouard Chavannes，一八六五～一九一八），在其一九〇三年著作的《西突厥史料》中提出『絲路有海陸兩道』，蘊涵了海上絲綢之路最初提法。迄今發現最早正式提出『海上絲綢之路』一詞的是日本考古學家三杉隆敏，他在一九六七年出版《中國瓷器之旅：探索海上的絲綢之路》中首次使用『海上絲綢之路』一詞；一九七九年三杉隆敏又出版了《海上絲綢之路》一書，其立意和出發點局限在東西方之間的陶瓷貿易與交流史。

二十世紀八十年代以來，在海外交通史研究中，『海上絲綢之路』一詞逐漸成爲中外學術界廣泛接受的概念。根據姚楠等人研究，饒宗頤先生是中國學者中最早提出『海上絲綢之路』的人，他的《海道之絲路與昆侖舶》正式提出『海上絲路』的稱謂。選堂先生評價海上絲綢之路是外交、貿易和文化交流作用的通道。此後，學者馮蔚然在一九七八年編寫的《航運史話》中，也使用了『海上絲綢之路』一詞，此書更多地限於航海活動領域的考察。一九八〇年北京大學陳炎教授提出『海上絲綢之路』研究，并於一九八一年發表《略論海上絲綢之路》一文。他對海上絲綢之路的理解超越以往，且帶有濃厚的愛國主義思想。陳炎教授之後，從事研究海上絲綢之路的學者越來越多，尤其沿海港口城市向聯合國申請海上絲綢之路非物質文化遺産活動，將海上絲綢之路研究推向新高潮。另外，國家把建設『絲綢之路經濟帶』和『二十一世紀海上絲綢之路』作爲對外發展方針，將這一學術課題提升爲國家願景的高度，使海上絲綢之路形成超越學術進入政經層面的熱潮。

與海上絲綢之路學的萬千氣象相對應，海上絲綢之路文獻的整理工作仍顯滯後，遠遠跟不上突飛猛進的研究進展。二〇一八年厦門大學、中山大學等單位聯合發起『海上絲綢之路文獻集成』專案，尚在醞釀當中。我們不揣淺陋，深入調查，廣泛搜集，將有關海上絲綢之路的原始史料文獻和研究文獻，分爲風俗物産、雜史筆記、海防海事、典章檔案等六個類别，彙編成《海上絲綢之路歷史文化叢書》，於二〇二〇年影印出版。此輯面市以來，深受各大圖書館及相關研究者好評。爲讓更多的讀者親近古籍文獻，我們遴選出前編中的菁華，彙編成《海上絲綢之路基本文獻叢書》，以單行本影印出版，以饗讀者，以期爲讀者展現出一幅幅中外經濟文化交流的精美畫卷，爲海上絲綢之路的研究提供歷史借鑒，爲『二十一世紀海上絲綢之路』倡議構想的實踐做好歷史的詮釋和注脚，從而達到『以史爲鑒』『古爲今用』的目的。

凡例

一、本編注重史料的珍稀性，從《海上絲綢之路歷史文化叢書》中遴選出菁華，擬出版數百册單行本。

二、本編所選之文獻，其編纂的年代下限至一九四九年。

三、本編排序無嚴格定式，所選之文獻篇幅以二百餘頁爲宜，以便讀者閱讀使用。

四、本編所選文獻，每種前皆注明版本、著者。

五、本編文獻皆爲影印，原始文本掃描之後經過修復處理，仍存原式，少數文獻由於原始底本欠佳，略有模糊之處，不影響閱讀使用。

六、本編原始底本非一時一地之出版物，原書裝幀、開本多有不同，本書彙編之後，統一爲十六開右翻本。

目録

蠶桑萃編（四）

蠶桑萃編（四）

卷十二至卷十五

〔清〕衛杰 編

清光緒二十五年刻本

蠶桑萃編　卷十二至十三

蠶桑萃編
卷十二圖譜
蠶圖詠類
桑圖詠類
紡織圖詠類
卷十三圖譜
四時圖詠類
豳風圖詠類

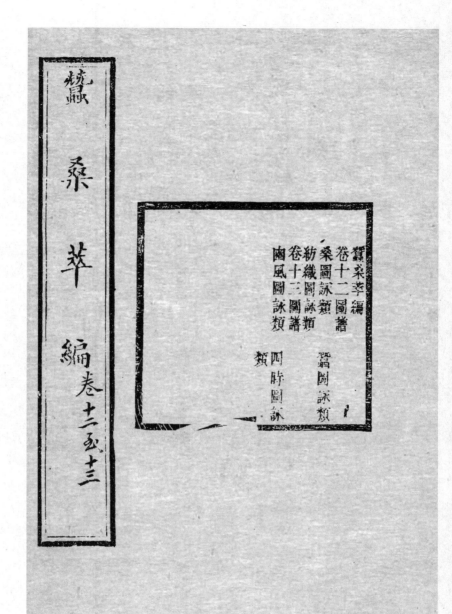

圖譜

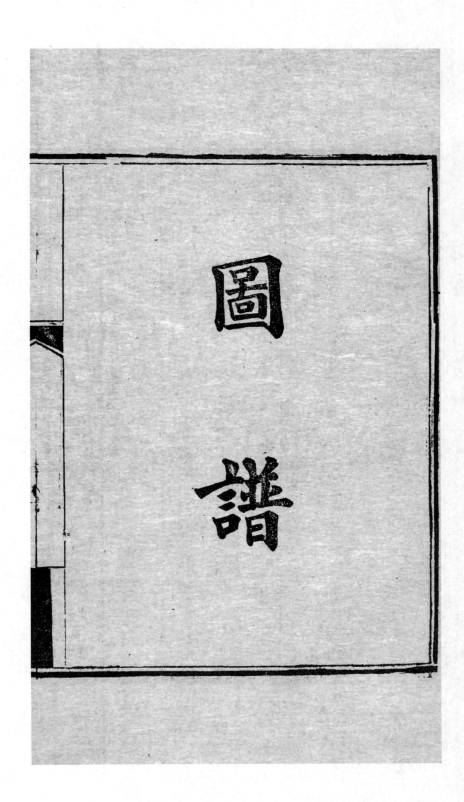

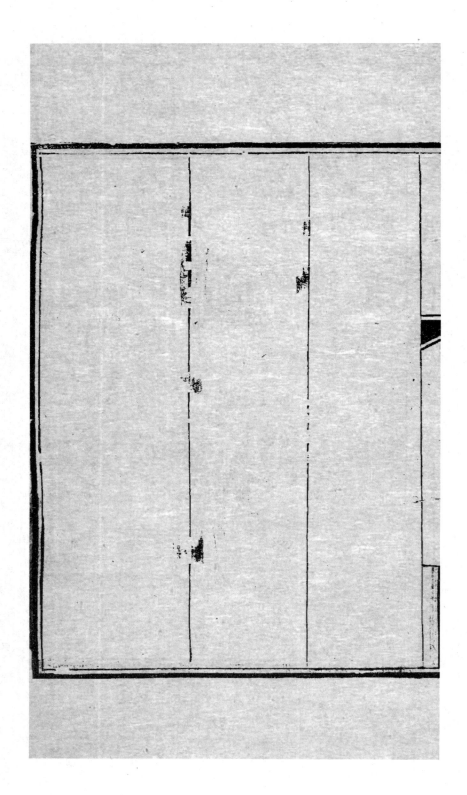

蠶桑萃編敘

國朝畿輔總制歷年最久善政最多者首推桐城方恪敏公繪棉花圖以惠閭閻厚民生也余久忝督篆念畿輔水旱偏災亟思補救因辦蠶桑一局命司道綜理其事今春衛道以所述蠶桑圖說淺說問序於余戎機之暇披閱是書上冊種桑圖說有八中冊養蠶圖說十有二下冊繅絲紡織圖說有八事有本末語無枝葉稚童老嫗猶能解曉以其心體力行故言之歷歷如繪也粵自同治九年移節畿輔因地瘠民貧即飭官斯土者與蠶桑利或政事紛繁不遑兼顧或視

爲不急未肯深求間有究心樹藝一經遷任柔桑萌
蘖多被踐踏斧戕及綜核名實咸以北地苦寒不宜
蠶桑對每聞而疑之豳風農桑並重觱發栗烈與此
地等且余往年躬履川北各郡風土氣候畧同三輔
歲獲蠶桑重利是非北地不宜實樹藝有未講也迨
光緒十八年春以衛道籍隸蜀郡深諳樹藝俾會同
長白裕藩司設局提倡由川揀子種購蠶紙選工匠
來直試辦於保定西關擇沃壤爲桑田課晴雨以審
天時辨旱潦以廣地利勤培養以盡人力切實講求
冀必有成十九年得桑百萬有奇二十年得桑四百

萬有奇各屬紳民領桑蠶者遺教習導之民間歲益絲繭以數十萬斤計而所增土產在十萬金以上矣此傳所謂務材訓農者與局中工匠率聰慧子弟繅絲紡絡織綴製綢如式並鄉閭開機試織其大宗絲繭派員收買出洋銷售以便民商暢行此傳所謂惠工通商者與夫以目前種桑與恪敏種棉其爲我

國家衣被羣生者猶是豳風圖繪遺意綜計蠶桑一事經營十餘年尚未就緒自壬辰迄乙未閱時未久種桑養蠶織紡三端漸有可觀司事者其各免厥職勿避嫌疑病念時艱集衆思廣忠益開誠心布公道務期

實惠及民久久行之藉補水旱偏災之不逮是則余

之厚望也夫

光緒二十有一年夏四月直隸總督合肥李鴻章撰

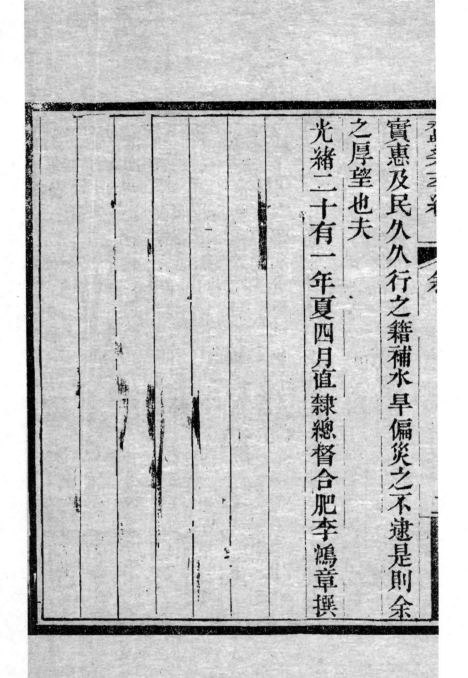

蠶桑萃編卷十二

圖譜目錄

蠶桑萃編

桑政第一圖

生意葱蘢次第栽燕雲織錦玉雲開桑株八百成都市移向黃金臺畔來

粵攷豳風桑政與農功遞重月令親蠶之典同於耕耤後世因之蜀漢諸葛亮種桑八百於成都蜀錦遂甲天下與江南埒燕地寒冷向無多桑人亦鮮以藝桑藝蠶爲業近年天道北行地氣轉暖奉督憲命於蜀境移來桑株及葚種之碩茂飼蠶作繭不亞他省乃設局創辦用溥三輔無窮之利

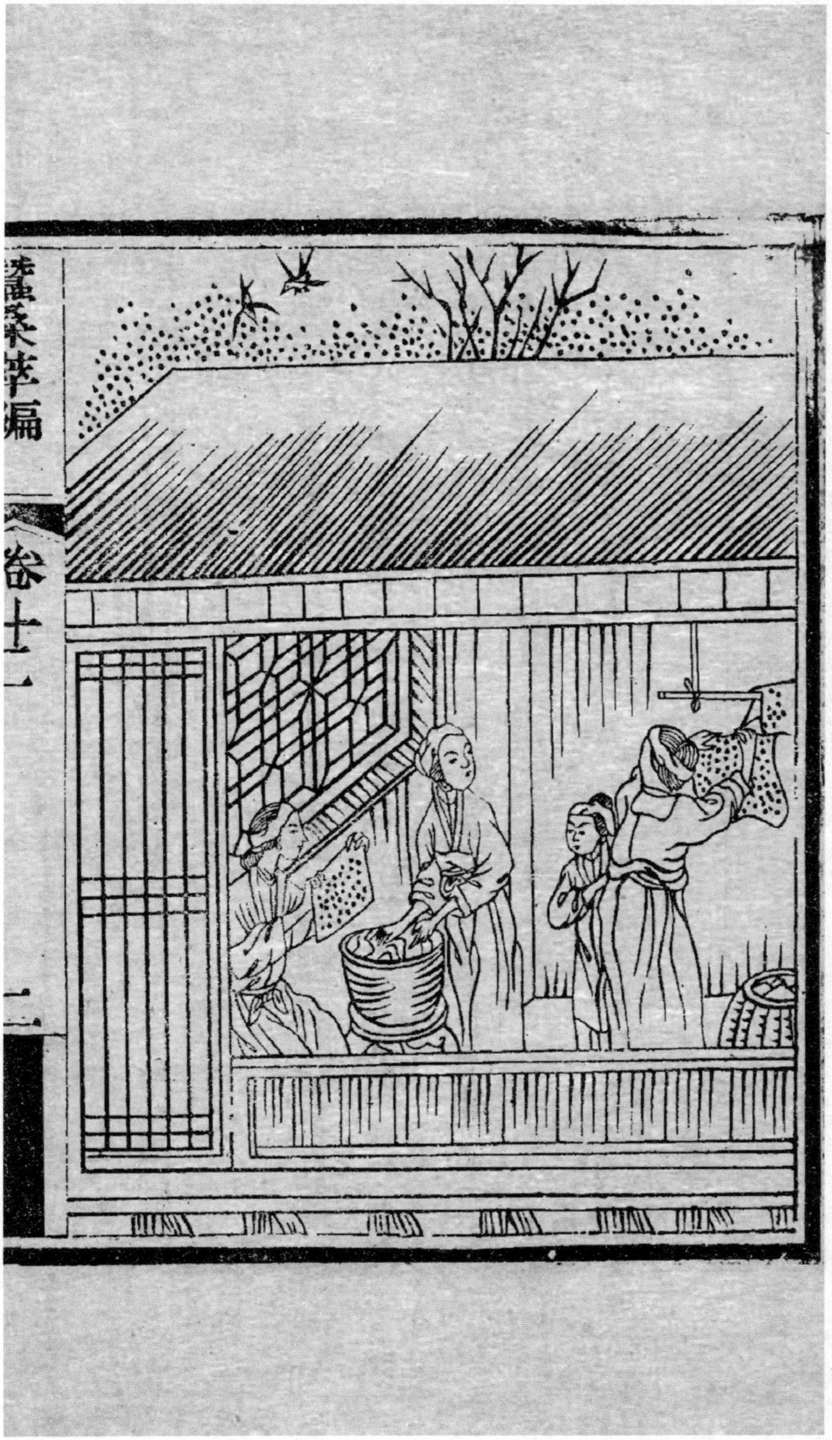
蠶桑萃編

辨時第二圖一

春風紫陌日遲遲節屆清明浴子宜但看桑株芽漸吐恰當紙上蟻生時

養蠶須辨節候其最準不易者以桑葉挺生之時爲浴蠶紙之日北方氣候較遲視南方浴子須緩二十餘日其眠起則比南方速小滿節老上山作繭與南同今年蠶桑局試辨親驗乃知

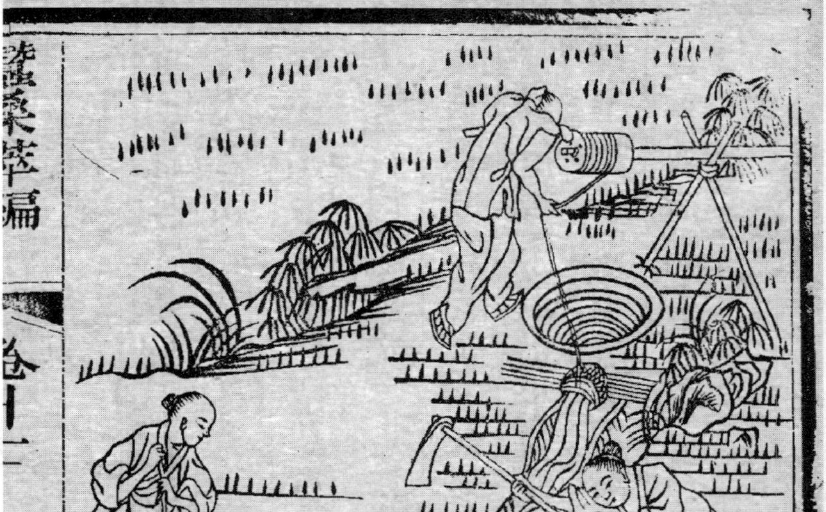
蠶桑萃編
卷十二

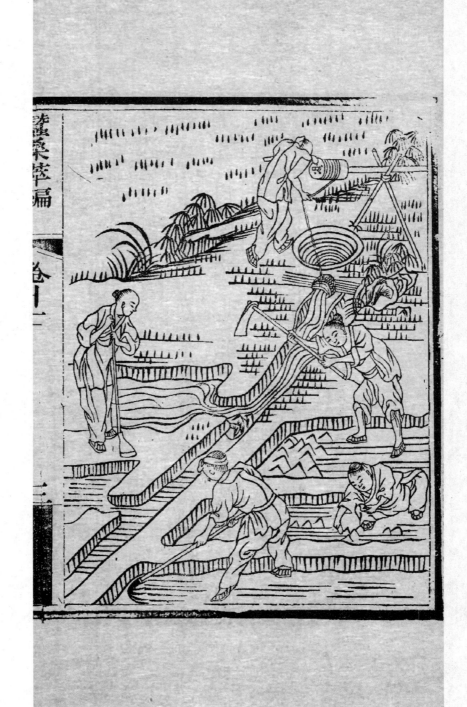

治地第三圖

土有肥磽本不同桑根宜實又宜鬆調泥和水深餘尺次第栽量隔一弓

地宜肥土宜厚掘坑一尺餘調糞泥水沃桑根種之上宜實以避風吹下宜鬆使根易長五尺一株直地多瘠而鹻預以泥糞壅之久則地肥而鹻性退兼以浮麥置根下以助生氣並用油箍以迎生機土宜白沙不拘平原下隰傍水依山均可布種村莊前後尤善古所謂牆下樹桑也

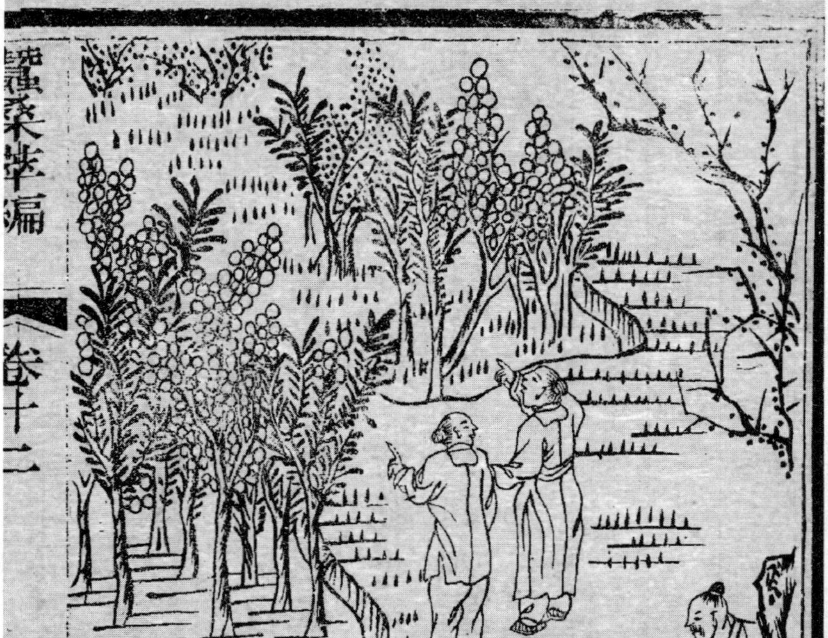
蠶桑萃編
卷十二
四

選種第四圖

小小條桑葉似錢魯桑味厚大而圓荆粗性苦宜初飼分出頭眠與二眠

荆桑葉小薄而有力宜飼頭眠之蠶魯桑葉厚大而有力宜飼二三眠之蠶初出之蠶宜用女桑魯愈於荆宜多種之蜀中桑葉圓大味甜者尤佳

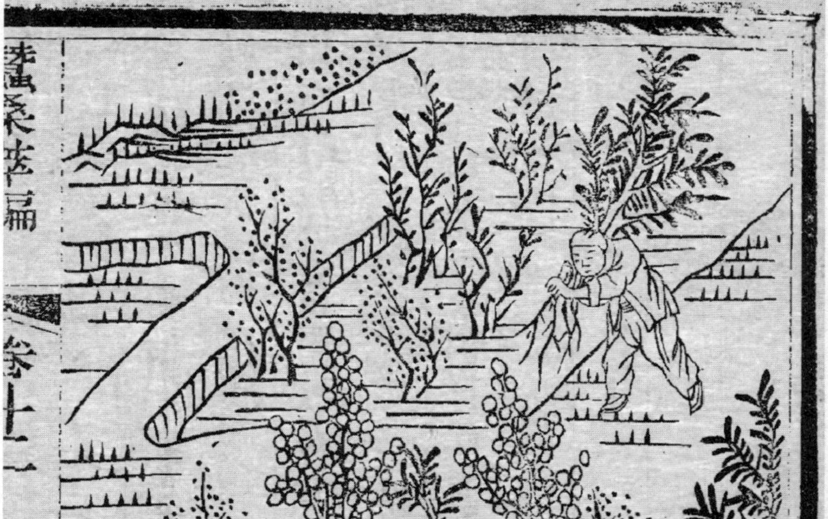
蠶桑萃編
五

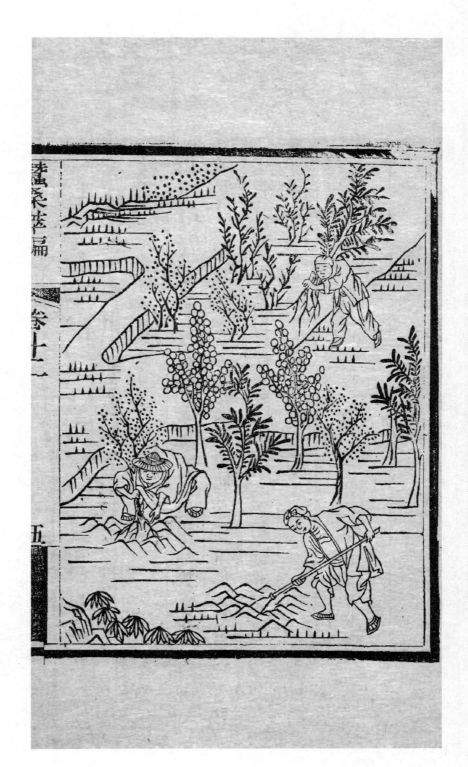

栽桑第五圖

初植桑條勿動摇先將豆麥和泥澆細根留得須深種準擬新秋半及腰

雨水春分及伏雨秋分日掘坑一尺餘用油箍末調稀泥以沃桑根上敷乾土細末頻加灌溉俟長時剪去旁枝祗留正樹自然濃陰密布入冬後便能經風雪

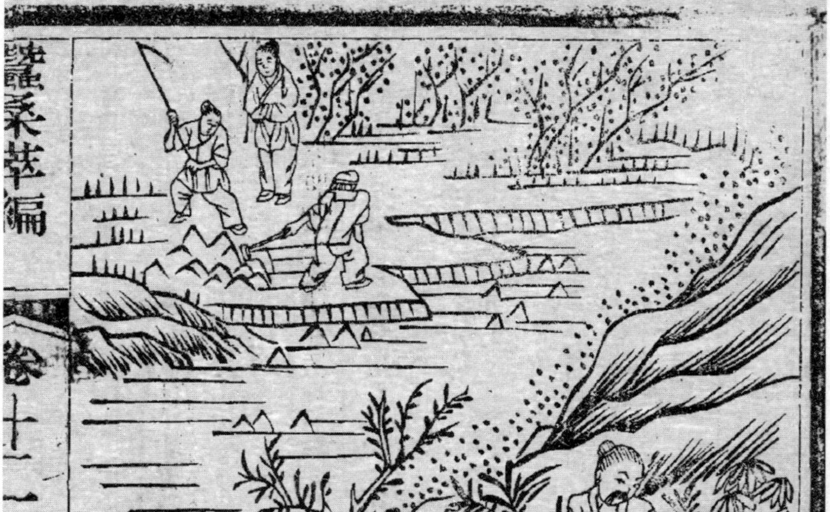
蠶桑萃編

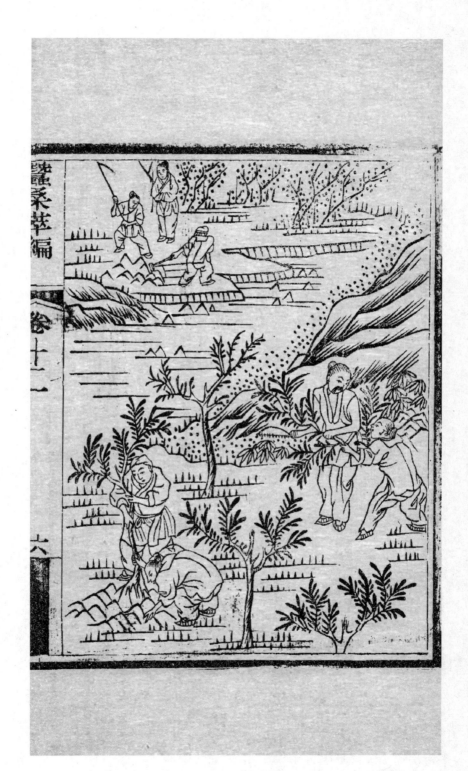

移桑第十六圖

灌地何如沃地良和泥帶土潤含漿移來速種宜低濕願借濃陰護小桑

揀桑條肥旺者留四五條鋤土添糞始栽一次掘土澆糞法與樹桑同上柵淨土覆之條長出删去繁枝不可剪梢

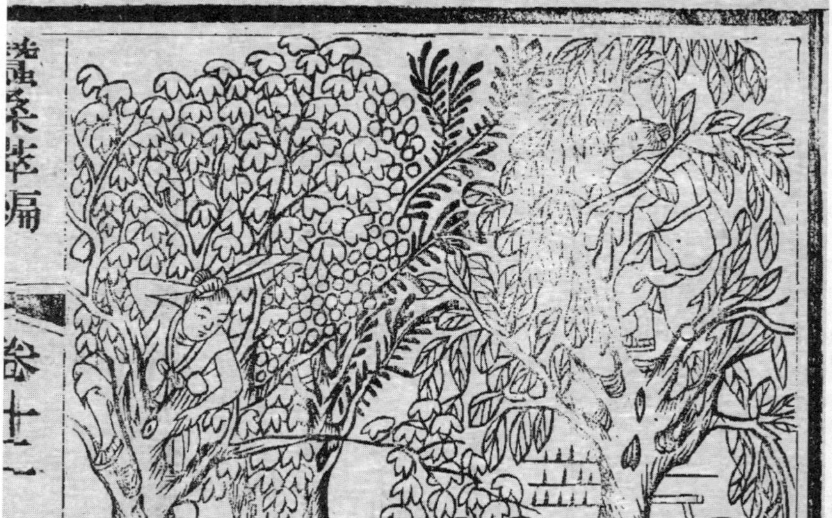
蠶桑萃編
卷十一
七

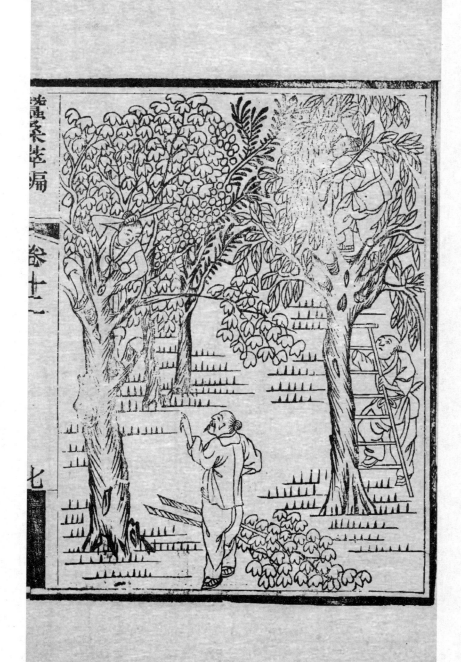

盤桑第七圖

淡雲微雨種桑天祇有盤枝不費錢春日萌芽夏日長須知條接最爲先

南人慣習接桑如樹高大不適於用待春分及晦日以隹桑條接之一年後卽成隹桑古樓桑村有桑如樓今之盤桑當年卽以此法接成者頗相類

蠶桑萃編
卷十二
八

採桑第八圖

初番採葉待商量先翦旁枝後女桑留得正芽添茂葉摘來盈掬更盈筐

摘葉之較小者先以飼蠶留正芽以待生長惟雨露黃沙之候忌採辰刻所摘宜於晝食申刻所摘宜於夜食至大眠後則連枝帶葉翦下

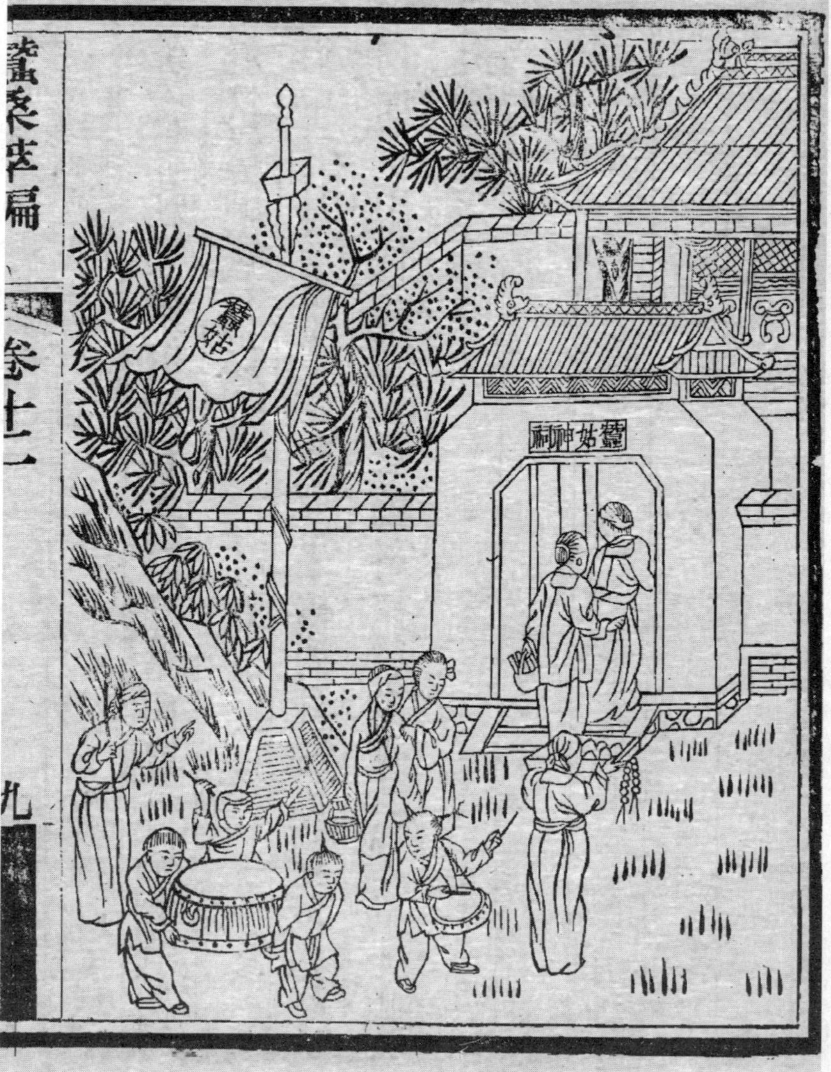
蠶桑萃編
卷十二
九
蠶姑神祠
蠶姑

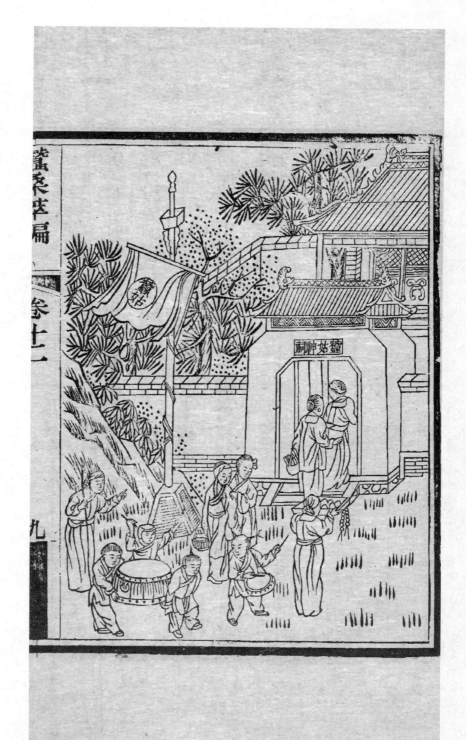

祈蠶神第一圖

馨香一炷爇鑪中元日祈蠶處處同贏得兒童喧柘社扶筐神賽夕陽紅

蜀中元日老嫗童姑陳設果核列拜於庭擊鼓然爆竹如祈田儀爲迎蠶眉蠶神扶筐聽爆聲之高下以兆蠶事之盛衰

護蠶子　第二圖

蠕蠕轉動細如絲薄葉微鋪飼最宜每日更番勤護惜七天近是始眠時

清明後桑葉初挺爲煖子時以蠶紙晝置懷中夜置被邊不離温煖氣初變綠色次變青黑灰色乃蠕蠕欲動而出先以燈草數十莖勻鋪紙上出齊時切細葉置盤中預防損傷

蠶桑萃編
卷十二

重蠶母 第三圖

青青陌上採新桑飼養關心煖與涼三起三眠均得法辛勞幾費老蠶娘

擇老成婦女能耐勞苦者潔淨梳洗早起晚息晝夜勤飼宜微煖微涼謹避風雨細測蠶之飢飽不先不後飼之方佳

蠶桑萃編

辨蠶種第四圖

山蠶養得滿山中人事無須飼養功惟有家蠶偏喜潔先防沙漠後防風

蠶食不飲喜潔惡穢凡臭物皆忌之西南風及北風均宜避喜温煖如寒時祗宜用輕衣單被等物遮蓋蜀中蠶性與北方相近今年蠶桑局及村民多用蜀蠶子作繭最旺易州山村如馬頭土亘等處皆養山蠶

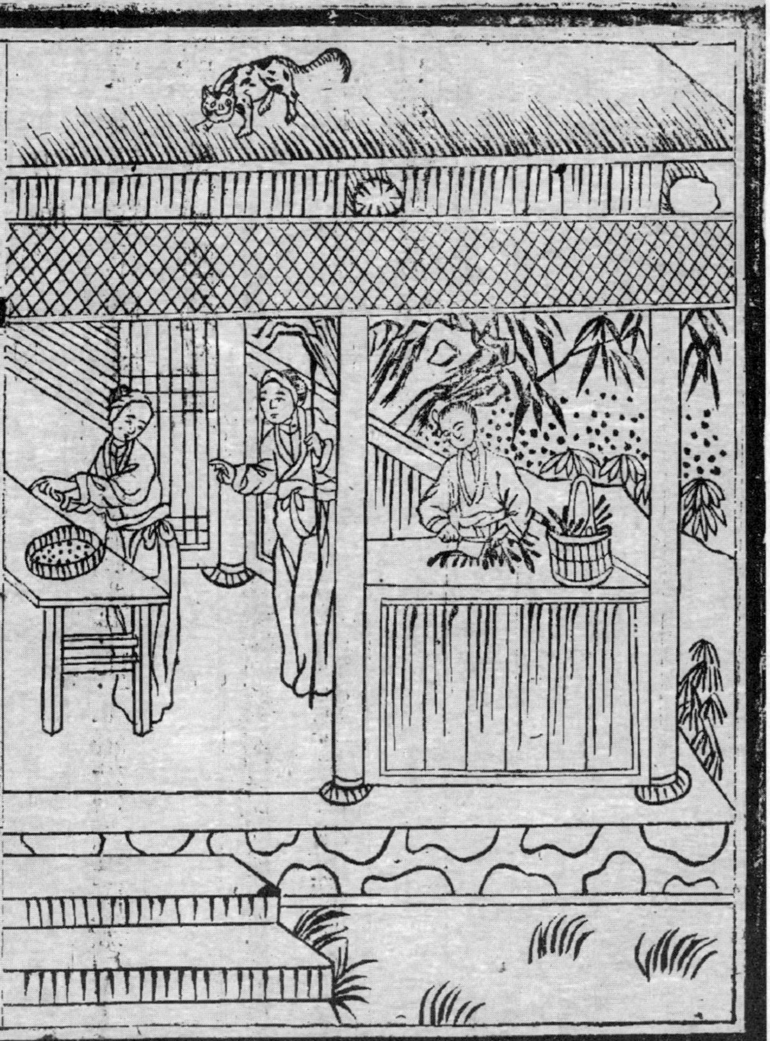

初眠第五圖

蠶頭輕綠尾輕紅正是初眠造化工脫得輕灰齊上葉莫教簾隙透微風

蠶生六七日爲初眠頭微綠尾微紅即篩灰鋪葉蠶全上葉再易一處宜煖避風或以藾草灰薄篩蠶身上庶後來易於脫殼

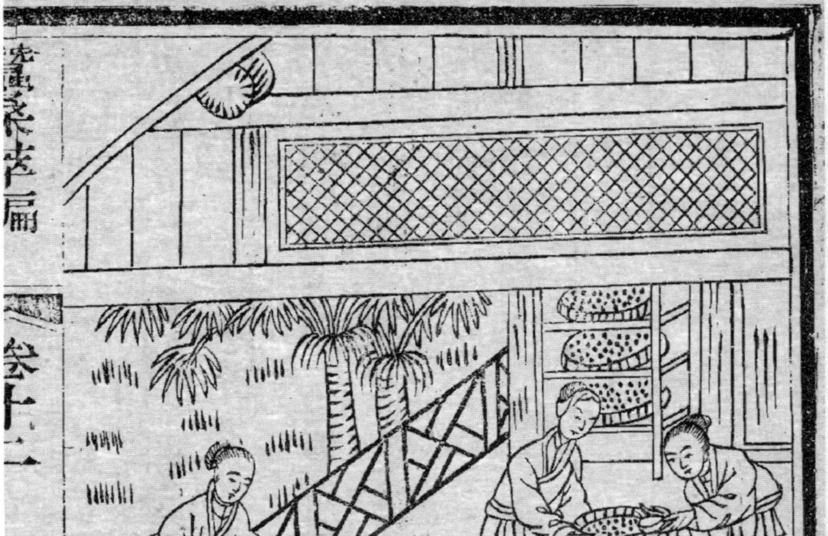

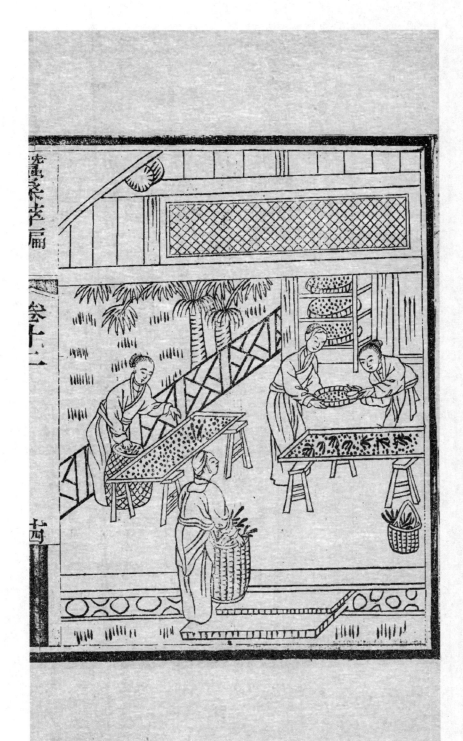

再眠第六圖

紅絲隱約滿珠喉嘴闊身長迥不猶再用草灰篩葉底看他輾轉盡昂頭

初眠後三日將二眠見紅綠絲與昂頭狀易器飼葉法如初眠正眠不食葉每眠一次脫皮一次眠定篩灰同前法

蠶桑萃編
卷十一

三眠第七圖

飼到三眠飼要勤頻將葉子布紛紜蠶娘莫惜殘更起指日絲成不負君

二眠後三四日將三眠上葉至十多次見紅綠絲等狀與頭二眠同保護法如前眠定後盡拾去砂子置光滑器內稱之每蠶一斤可得繭十斤食葉一百餘斤稱後仍篩灰於紙上以俟其起如時尚寒須俟大眠眠定方可稱

蠶桑萃編

大食第八圖

食葉聲從隔戶聞今年蠶事太辛勤簾踈晝捲清和節檢點筐承又箔分

三眠之後是爲大起蠶卽大食唼唼有聲須勤加分箔毋使擁擠亦毋使蠶砂太多約每日食葉十多次至十一二日卽昂頭遊走便是作繭時

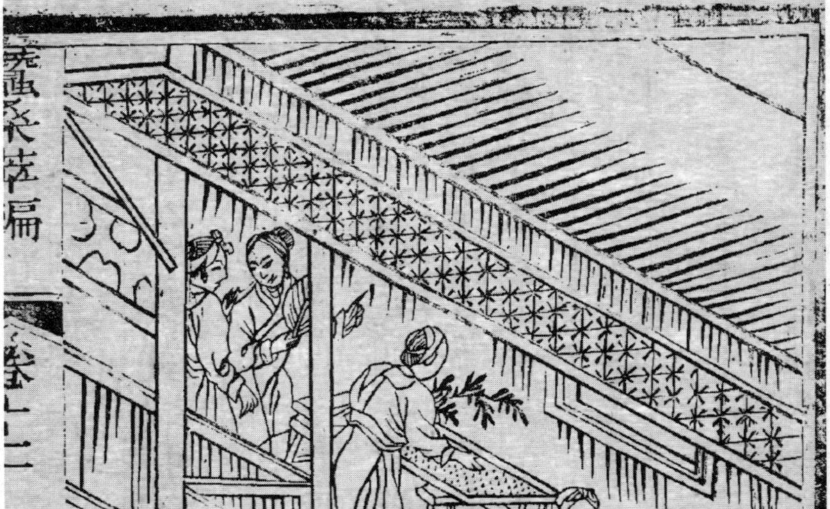
蠶桑萃編

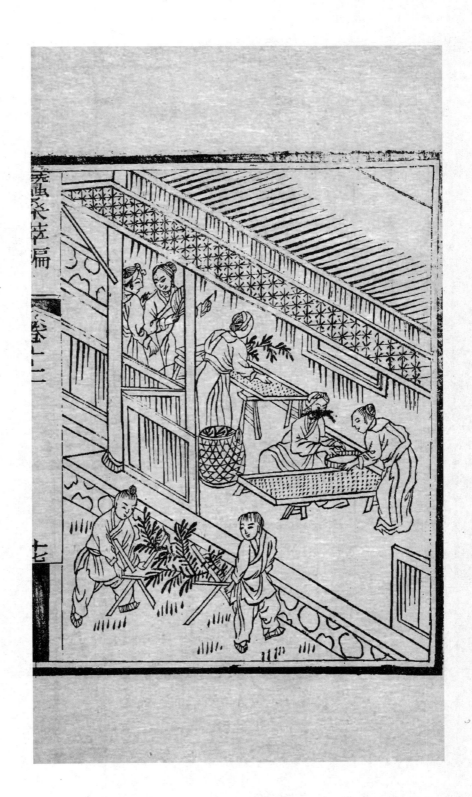

揀老第九圖

身肥嘴小色微黃透亮絲喉漸覺光從此不須尋葉
喫快從高處作工忙

大眠起後飼葉四五日卽老身肥嘴小長約二一寸粗如小指色微黃如糙米絲喉漸亮飼葉三五次通身透明遊走不食是欲作繭急宜上山

蠶桑萃編
卷十二
十六

加簇第十圖

滿腹絲綸欲吐奇安排次第上山宜須知簇上還加簇繭作來蠶快意時

凡蠶上山移置溫室中須一二時上完用稻草心截去頭尾束把長一尺四五寸老蠶一斤約用五十把簇宜寬展置數層木架上每架空二尺北地少稻草楊柳榆樹帶葉乾枝及秫稭桿均可俟成繭畢乃摘下蒸之

蠶桑萃編
卷十二
十九

摘繭第十一圖

今歲蠶娘力苦支高高下下摘難遲更看隴上鋤田後復向村頭窖繭絲

開簇先去苫席以手輕輕將繭摘下安放箔上不可太厚致有積壓俟半日後蒸曬即得如田事急則於蒸曬之後略加鹽水置甕中擇乾土埋之俟農事稍暇再繰絲亦可

蠶桑萃編
卷十二
二十

留子第十二圖

蛾兒分別配雄雌蟻子新生粟粟奇更怕原蠶依舊出留添艾葉製尤宜

繭子摘下於耳旁搖試擇堅實光大者留作蠶子俟成蛾破繭而出引置紙上雄者腹長而窄雌者腹寬而肥俟生子後送舊蛾於溪邊或埋之土中留新蟻於陰涼處勿使近日近火致出原蠶

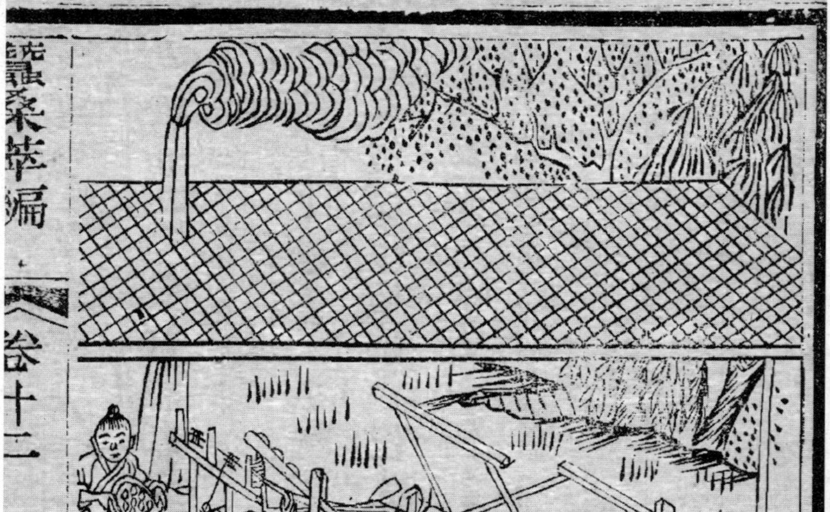
蠶桑萃編
卷十二

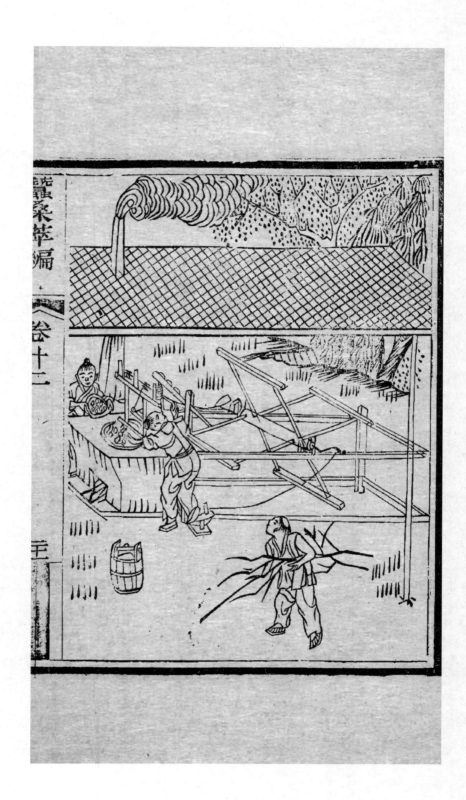

繅絲第一圖

河水清清不染塵繅絲煮繭闘鮮新掐來粗細隨人力色要相同縷要匀

煮以河水淡水泉水為佳雨水更好井水味鹹減色不可用燒用枯桑枝以大釜沸水入繭一升煮三四刻用箸撥轉再煮三四刻再撥轉俟繭輭時用莜灰淋汁量繭多寡酌入釜內再煮一二刻即熟

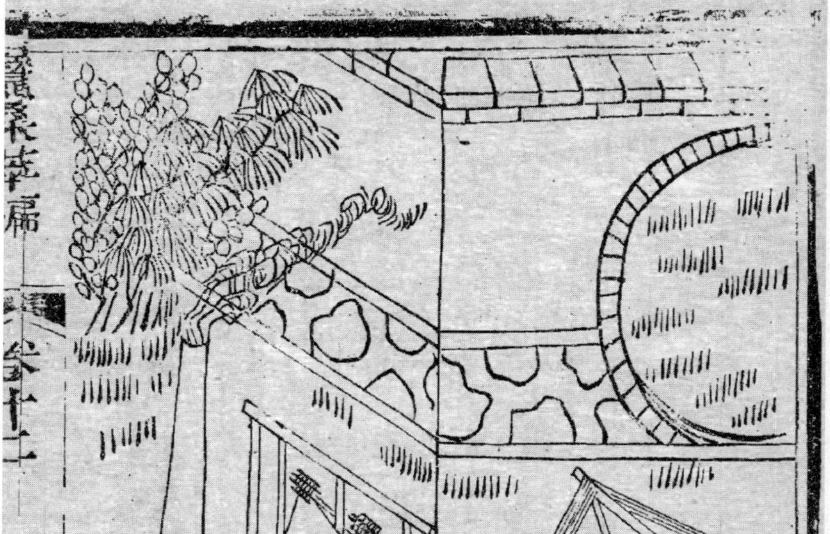

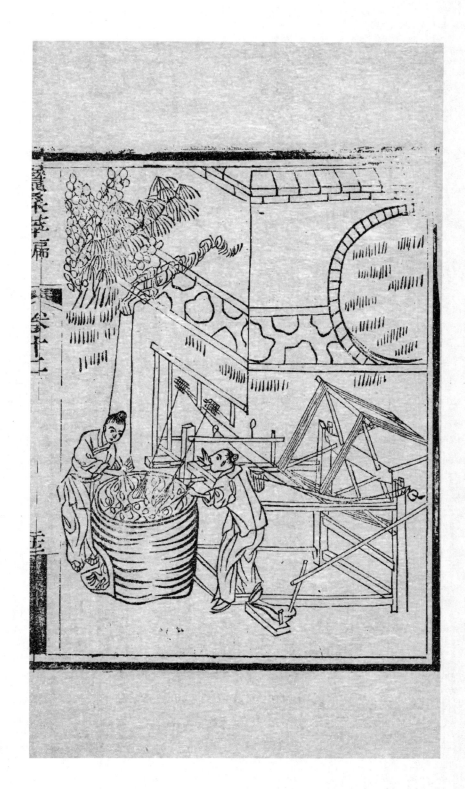

製車 第二圖

一輪圓轉影如梭手弗停繰繭弗多微火輕烘機下溼車聲響處笑聲和

置二小車長五寸徑二寸下鑽竹管二絲由竹管繞小車置大車二寬一尺六寸徑四尺五寸前軭後軒後二柱架車前二小柱作機納絲二竹鈎下分二行上大車下用木炭火離繰二尺三四寸烘之絲乃燥潔鮮明

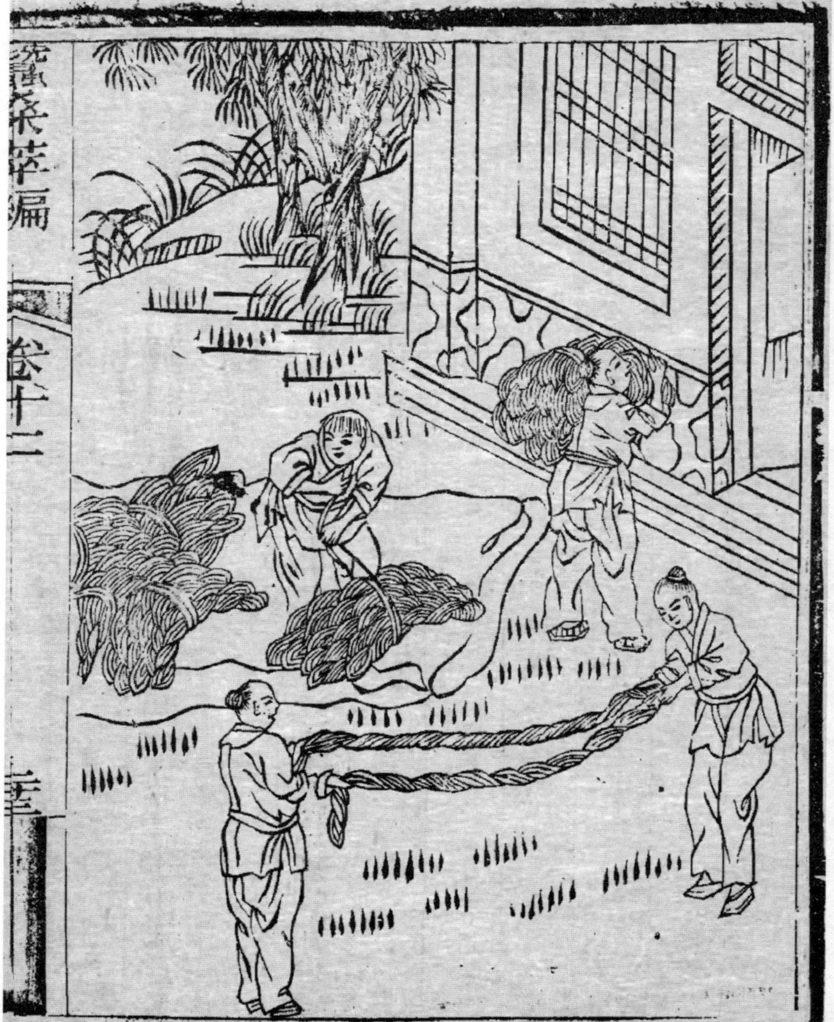
蠶桑萃編
卷十二

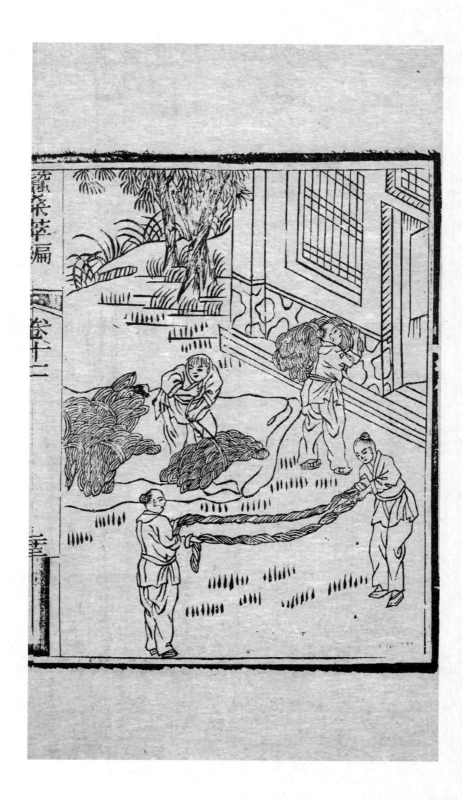

束捆第三圖

乙乙抽絲趁早暉繰車下架錦成圍從頭擊出匀條理黃白分明辨細微

煮繭三斗可得絲二斤即下架作一束雙挽之置溫涼室中色間黃白更形鮮明

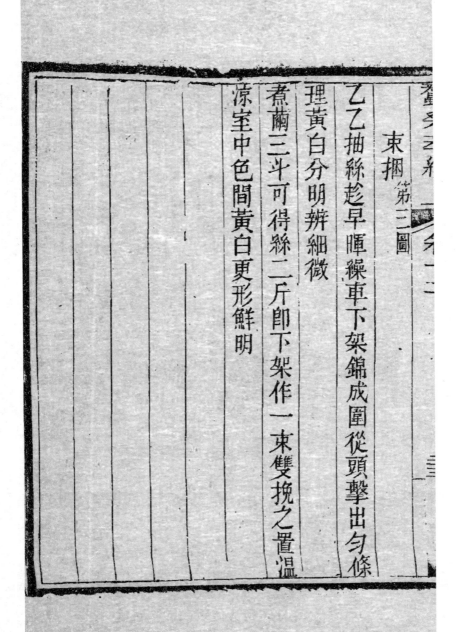

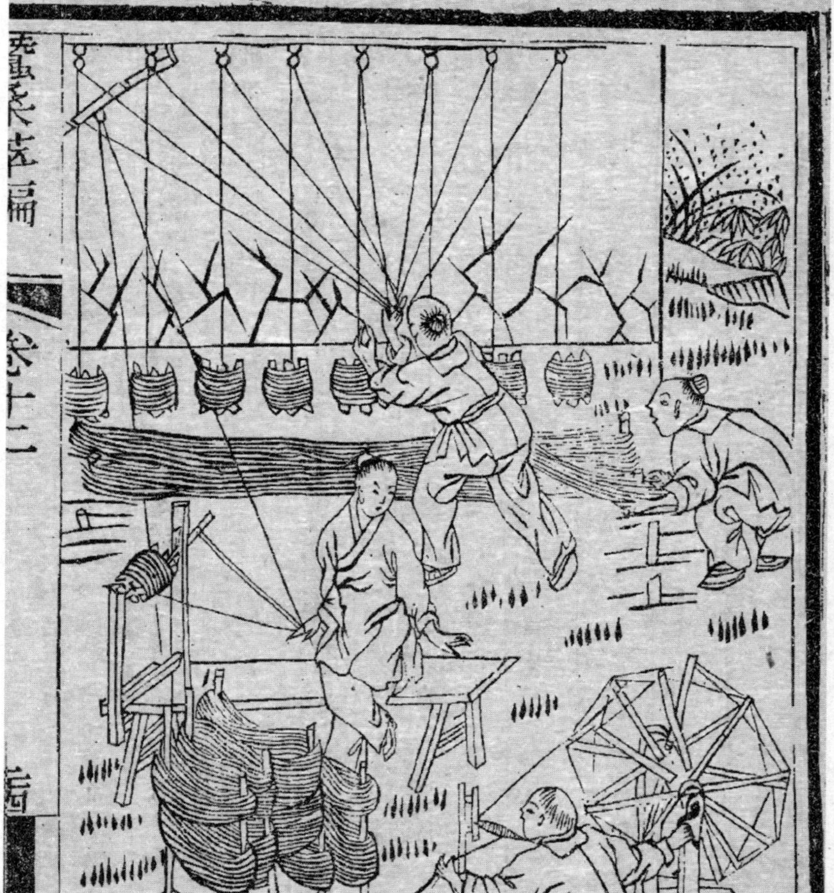
蠶桑萃編
卷十二

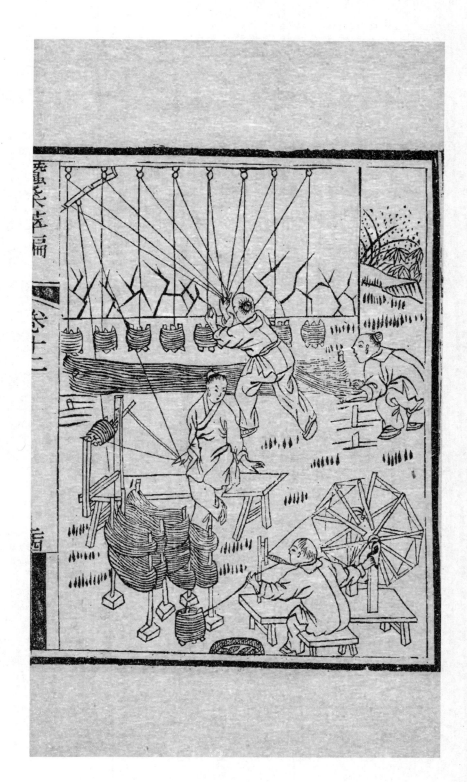

紡絡第四圖

絡緯蕭蕭五夜鳴不煩促織響秋聲繭絲自此堪嘗軸無限經綸掌上成

凡絲繰成之後須用小車紡成小絡又由小絡紡成小筒一二人分布成行再上織機或以大車紡之尤佳

蠶桑萃編
卷十二

染色第五圖

虞廷作會辨章施少女工夫絢色絲更向湅坊成五采晴檐高颺等旌旗

織絲有生熟之分如湖縐大綢裏綢可織成再染至貢緞寧綢摹本須先將絲染出用作經緯

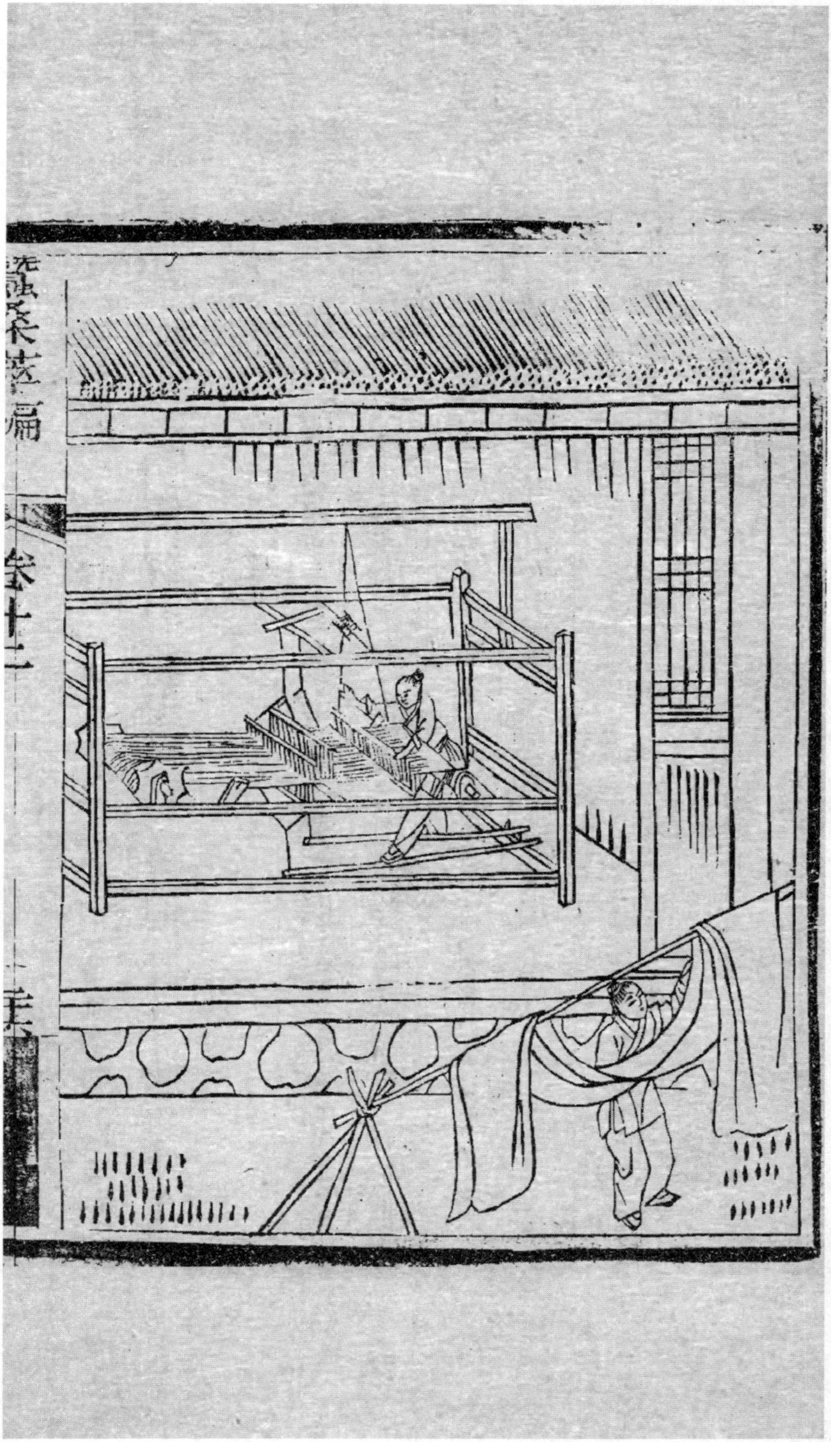
蠶桑萃編
卷十二

織綢第六圖

百丈龍文鬬樣新七襄雲錦巧無倫製成合用冰魚
濯淺水桃花絕點塵

南方織藝童習者多故家喻戶曉易知易能選絲必純織綢乃精花樣隨時出新各有歌訣按歌織之不爽毫髮洗綢亦宜用河水淡水雨水泉水尤潔尤妙晴日暴之花樣倍現鮮明

蠶桑萃編
卷十二

攀花第七圖

巧製爭看濯錦多宵燈夜月苦拋梭天然百種新花樣織就雲裳與雪羅

攀花須上下兩人一人織錦一人提花花樣無窮提法不一大抵提花宜精織紡宜巧吳蜀手藝最佳如法爲之自臻神化

蠶桑萃編
卷十二

成錦第八圖

五色絲綸七寶裝縱横巧製手裁裳從此年年蠶繭
茂棉花樂利共畿疆

蠶事畢藝功成厥筐五色絲綸裁成雲錦願邦畿
千里黍谷常温幣帛之饒可徵土產之沃則斯圖
也或與棉花之興同其樂利以廣生民之利源焉

圖譜

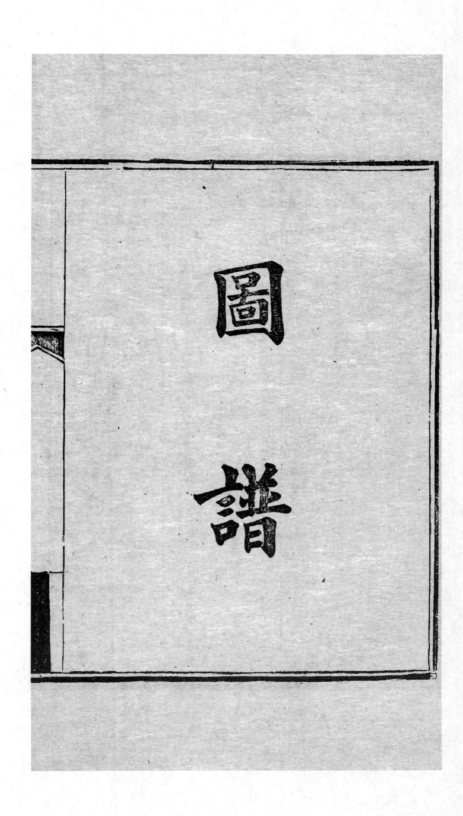

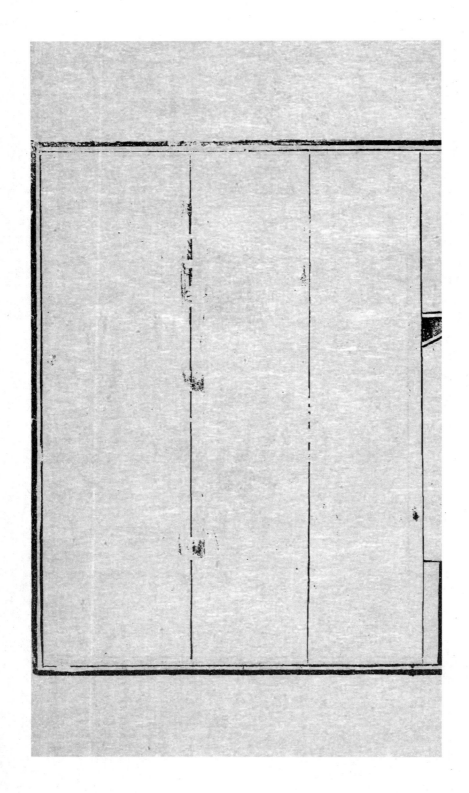

蠶桑萃編卷十三

圖詠目錄

閫中郎事　九月　閫中郎事

十月　閫中郎事　十一月

閫中郎事　十二月　閫中郎事

蠶桑萃編
卷十三
一

豳風圖詠

快寫豳詩授衣章觀風勸俗首蠶桑欲知大利來何處耕織圖陳澤萬方

園中即事

蠶桑好蠶桑好蠶桑便是無價寶不分陌上與牆頭隨地栽植不宜少君不見豳風授衣章春日遲遲起趁早蠶月條桑女執筐恐怕蠶飢不待曉取彼斧斨伐遠揚子細辛勤莫潦草八月萑葦預製箔來歲蠶具今歲討機上機下不停梭元黃衣裳施采藻婦職端宜修蠶職何必女紅鬬奇巧天開美利留生計家

家戸全溫飽售得餘錢完徵稅更免催科多煩惱

我勸世人務蠶桑往者熙熙來皞皞諺曰種桑人不窮兒孫穿著用不了願書萬本頌萬遍始知蠶桑眞箇好

懷古

王道富强本端自農桑括匹夫與匹婦耕織謀生業孟子說齊梁世人笑迂闊救得貧弱病衣食何慮缺願繪無逸圖萬古歌一轍

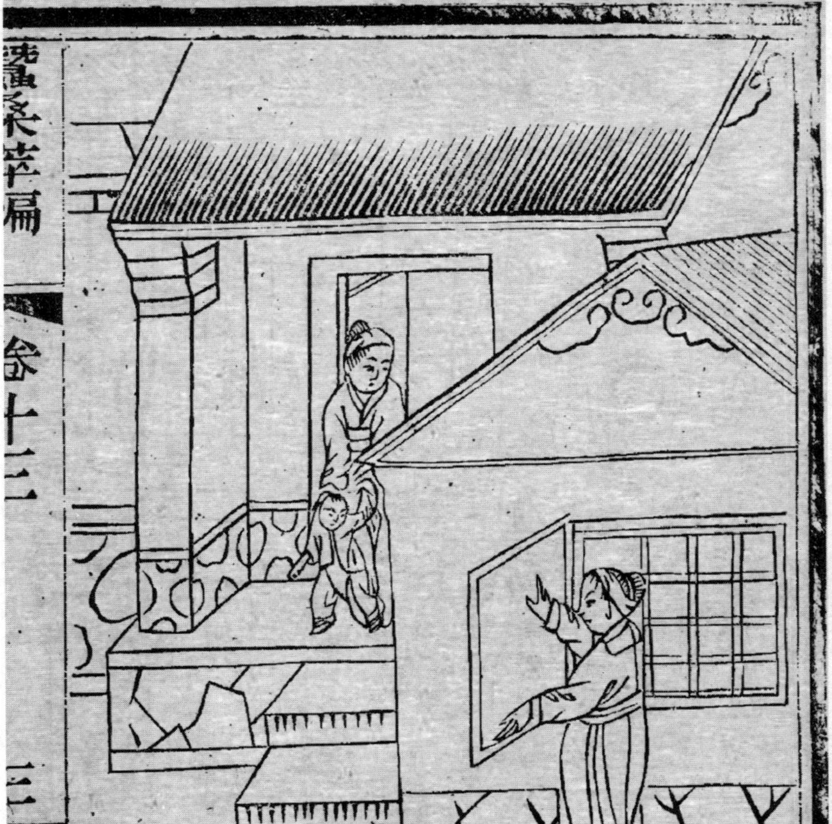
蠶桑萃編
卷十三
三

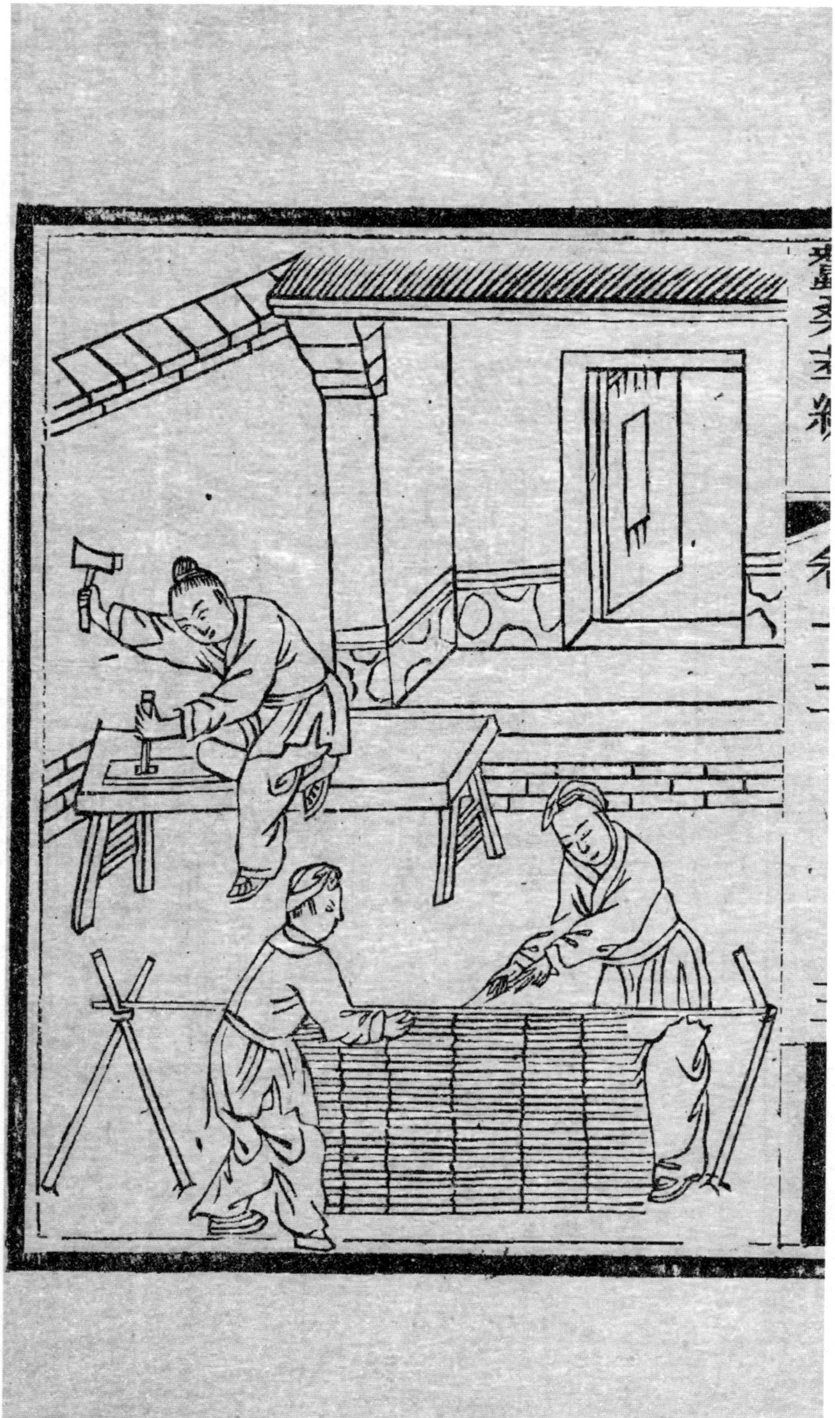

正月

生民重歲首衣食肇其端此時憚勞苦終年兩事艱

蠶室及時治槌箔宜預安窗戶當奧密勿使透風寒

飯牛修耒耜新春勿偷閒田家飽煖樂舍此復何貪

園中卽事

正月上甲風信番吉利東穀日又蠶日婦工參化工

豆觴春酒後柘社影斜中燈火元宵鬧神祠報賽功

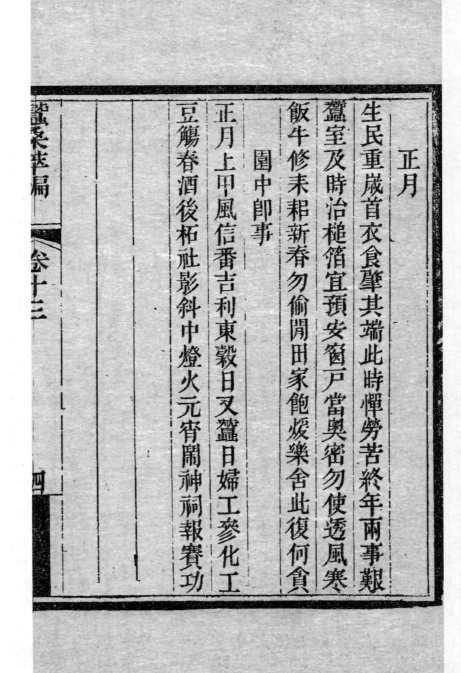

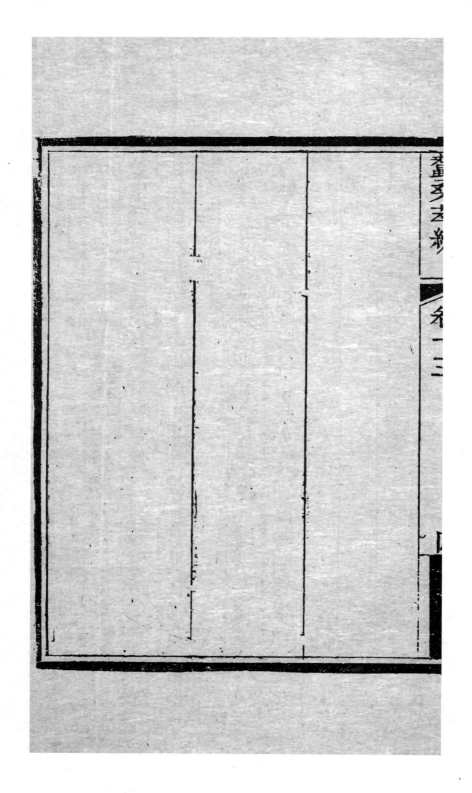

蠶桑萃編
卷十三
五

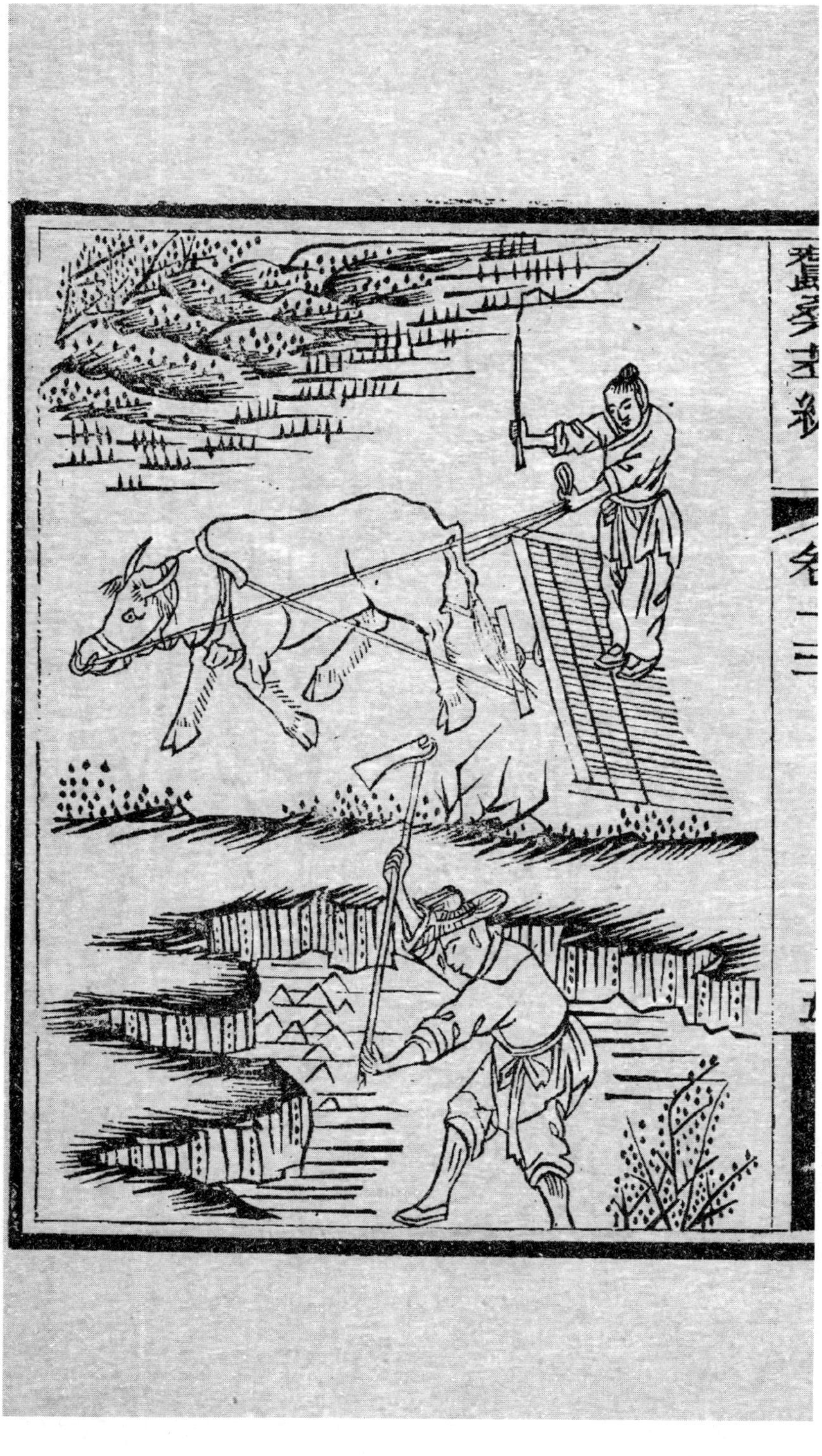

二月

仲春陽氣起種桑乃其時列樹徧阡陌森森接藩籬
培植日漸廣地美綠雲脂未蠶先謀食經營得所宜
田疇耕耨動婦子壠頭嬉農桑並時興田畯至則怡

圜中卽事

二月風似刀蠶連緊緊包牆頭生意滿紙上化機描
驚蟄芽含細淸明子浴勞綢繆天未雨儒聽市錫簫

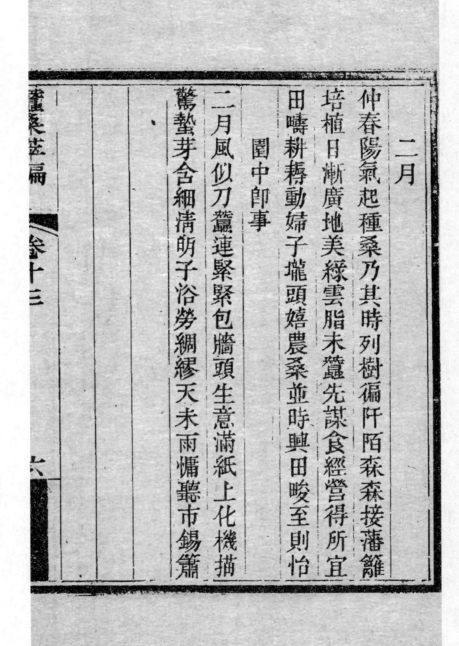

蠶桑萃編
卷十三
七

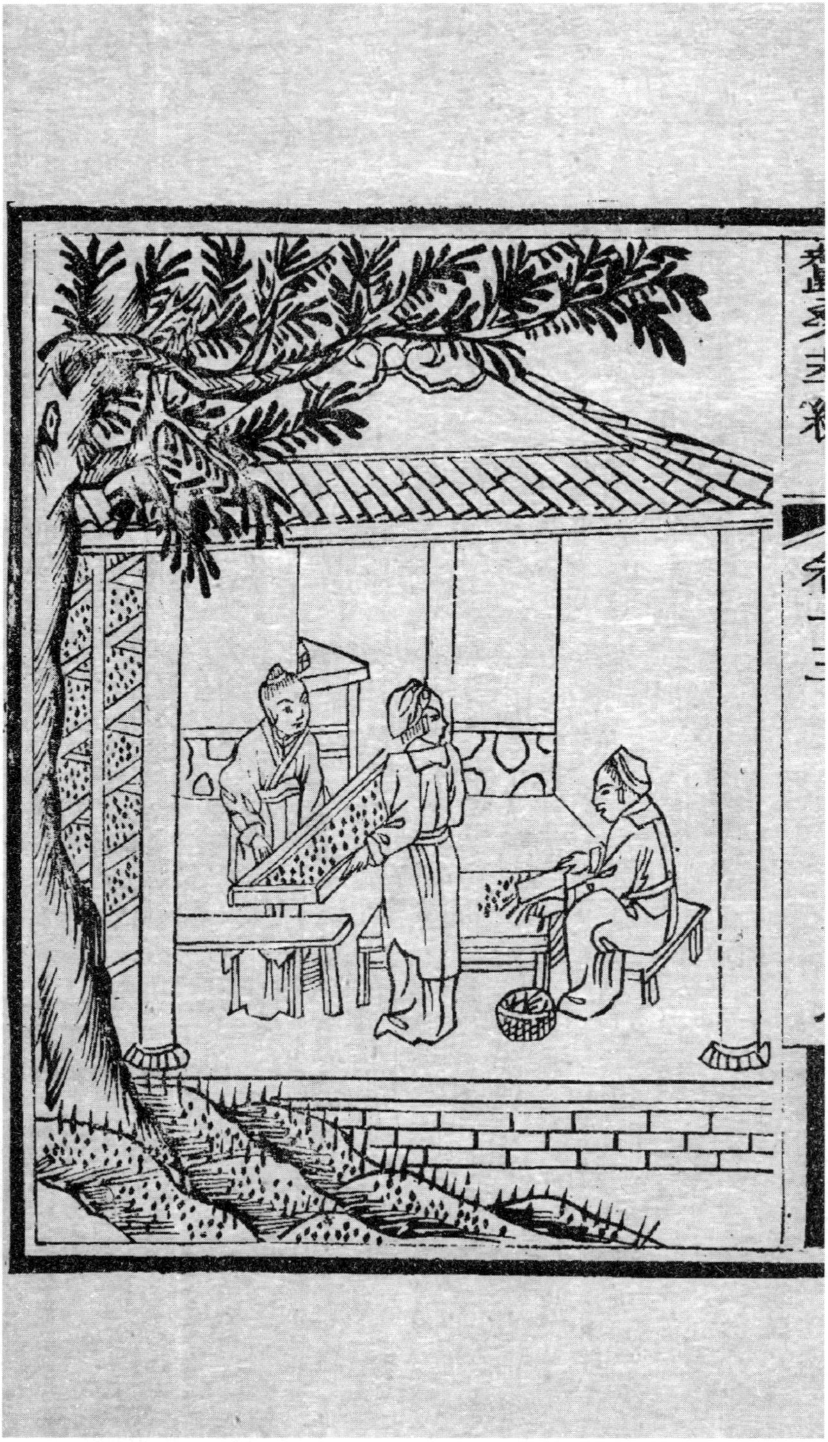

三月

暮春蠶甫出似蟻細如芒莫嫌特纖小腹蘊絲綸長慇懃採桑葉飼之在深房金刀細細切頻節最爲良育蠶如育嬰缺乳後見傷莫辭煩冗勞八口製衣裳

園中即事

三月三日裏閒步南城南似晴非晴象方浴未浴蠶遥聞聲蒴蒴出自手纖纖料是高攀得終朝一匊藍

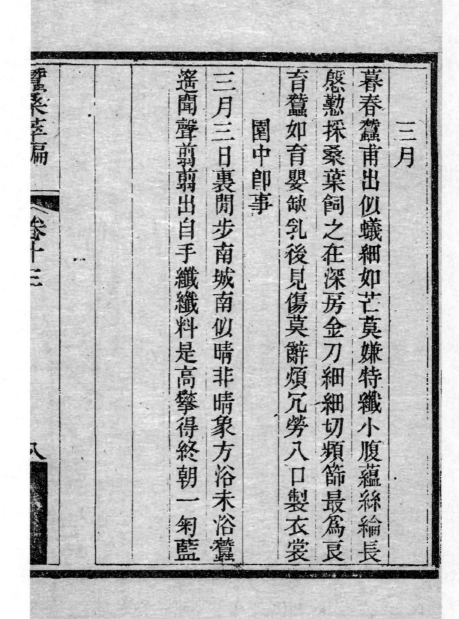

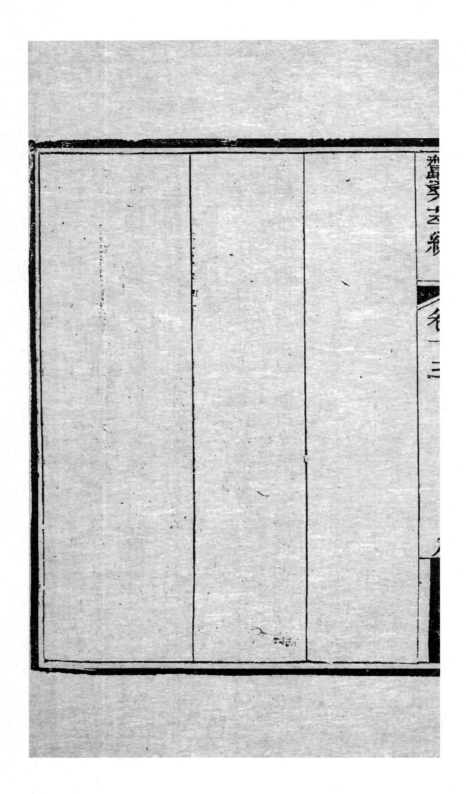

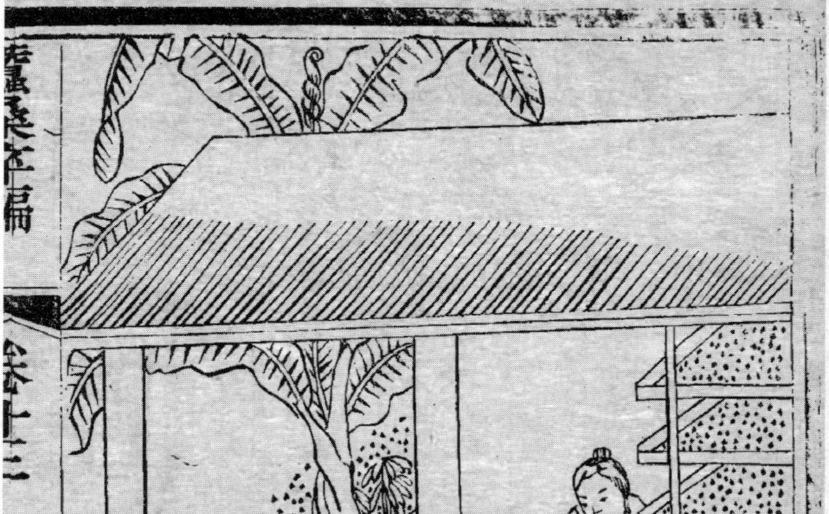
蠶桑萃編
卷十三
九

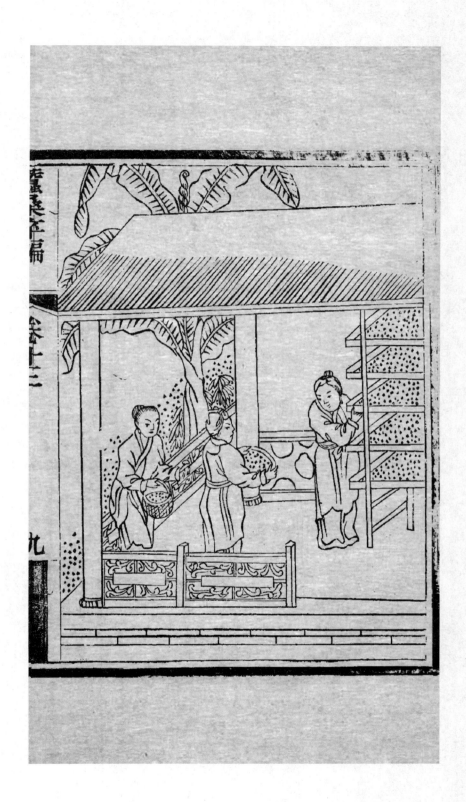

四月

四月號清和麥浪如綠綺薰風漸漸暄蠶多宜分理高首龍馬形三眠復三起蠶大葉更濃時時勤桑餌食如風雨聲聽之中心喜慇懃三九功絲成誰能比

園中即事

四月閒人少陌上女羅敷手以盛之莒行行絜小姑蠶饑妾心怯何怕手拮据道旁貞烈婦愧斂魯秋胡

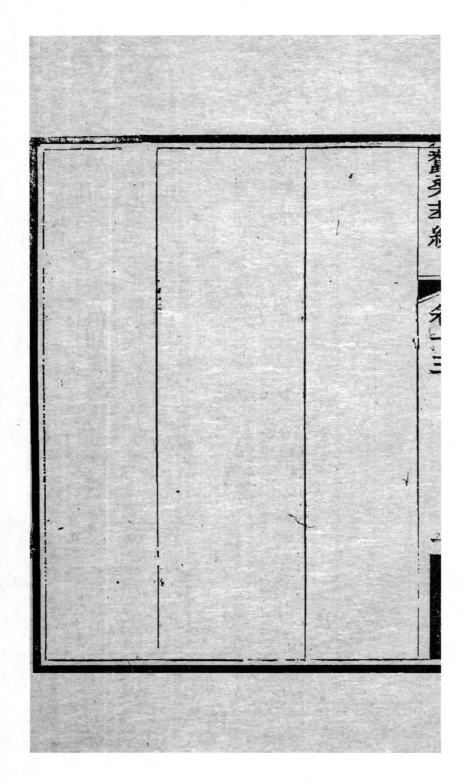

五月

夏半蠶已老馨腹吐絲綸簇山營錦爛藹然似金銀
擇之盈筐筥聚觀來四鄰養蠶功至此足補終年貧
先擇來歲種化蛾足稱神連懸通風處愛護保如珍

園中即事

五月摘藹新繅來匀又匀絲盡蠶成蛹捨身總爲人
古來多志士報國裕經綸賦性貞如此合祀馬頭神

蠶桑萃編

六月

六月暑方盛揮汗苦莫辭繭老繅難緩當釜自抽絲繅車慇懃轉且喜日遲遲婦子躬蠶桑自免淫惰思旬日可經絹衣食兩有資盈倉滿籠樂何事能如之

園中即事

六月長養之夏蠶珍復珍飼豈償租負但覺歷苦辛黃者黃如金白者白如銀枝幹重添葉野虞禁伐薪

卷十三

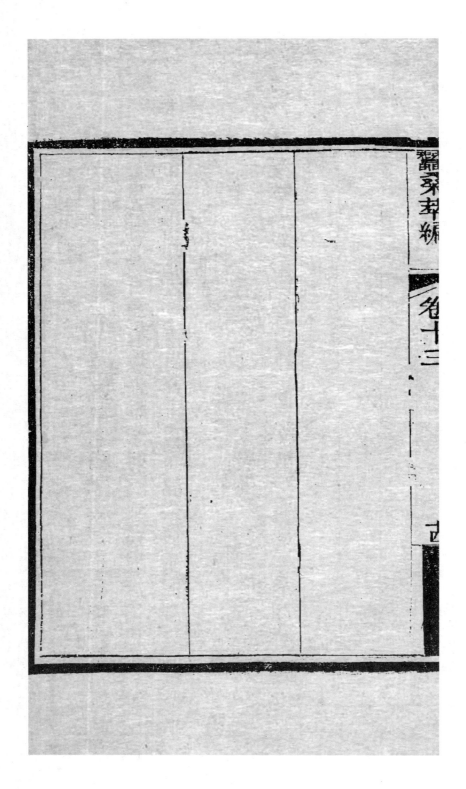

蠶桑萃編
卷十三

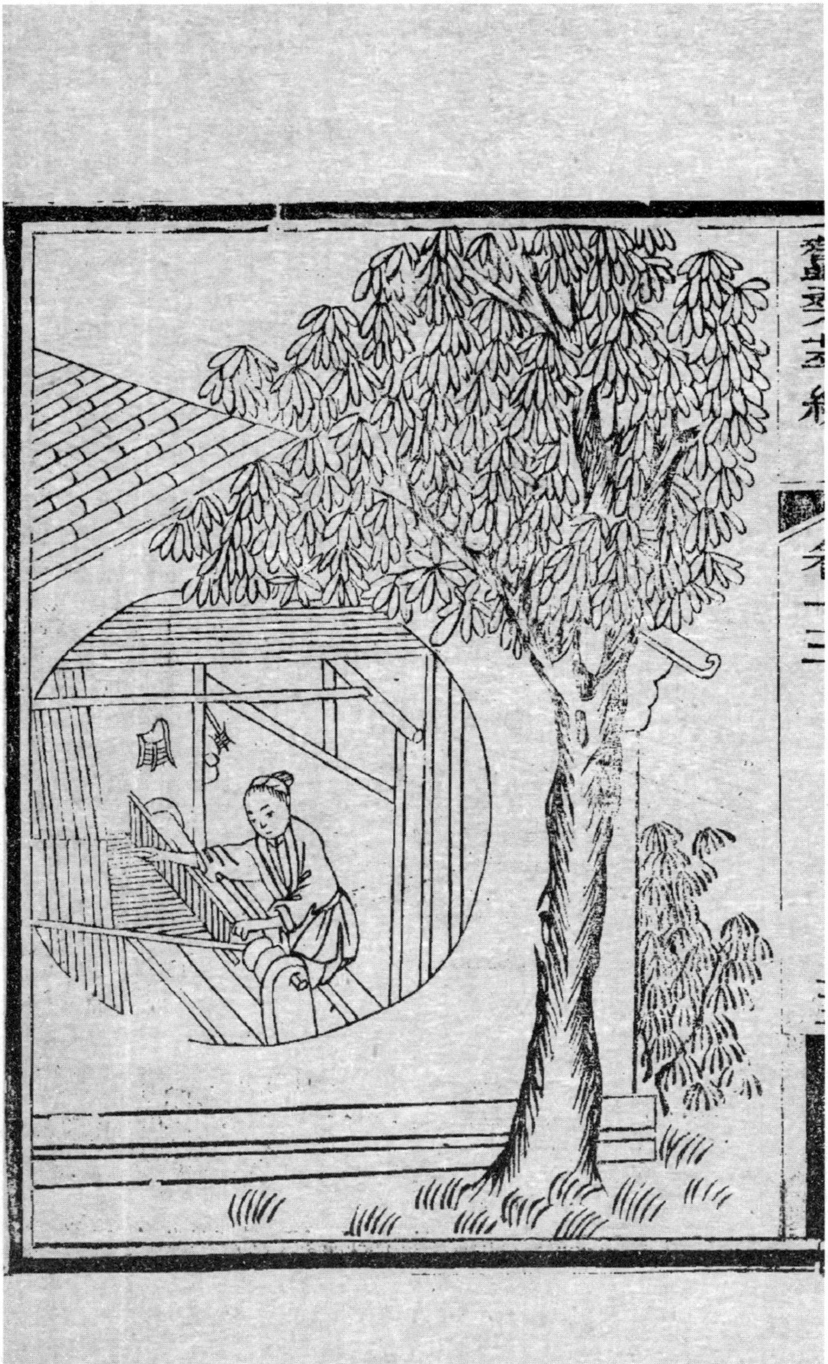

七月

唧唧復唧唧當窗鳴促織大火已西流天寒受衣逼
取我筐中絲用我閨中力既經而復緯熒膏可繼晷
青燈照拋梭午夜尚未息莫謂多苦辛此樂人罕識

園中郎事

七月乞巧娘杼軸報成章軋軋機聲響村村煮繭香
天孫雲錦裳公子爲元黃瓜果庭前薦兒女跪拜忙

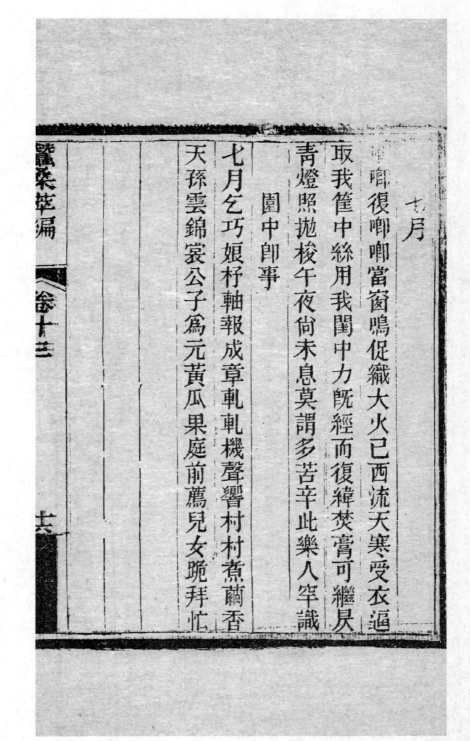

蠶桑萃編 卷十三 七

八月

八月白露降萬物盡成秋寒氣漸漸逼織絲已成綢此時棉宜紡冬來好營求更宜備蠶具萑葦及時收漫云隔歲久惟豫乃無憂試看頑惰子臨期空自籌

園中即事

八月秋蠶天桑葉大而圓一一躬採摘三三卜起眠工夫有餘力栽培計來年慇懃課諸女市之有餘錢

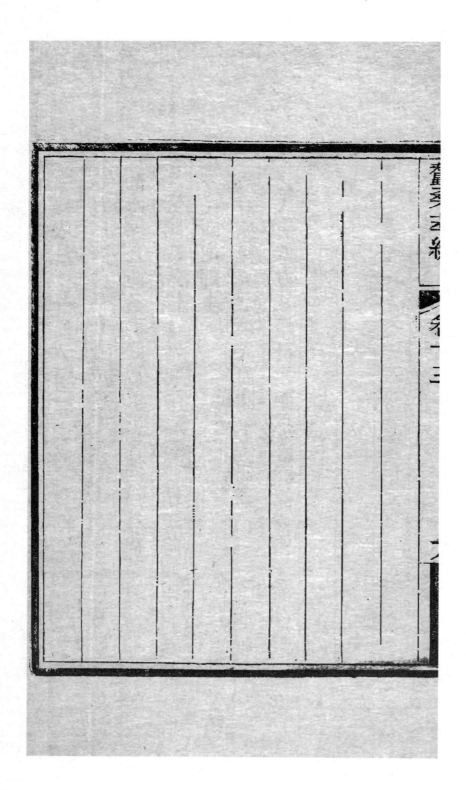

蠶桑萃編
卷十二
十九

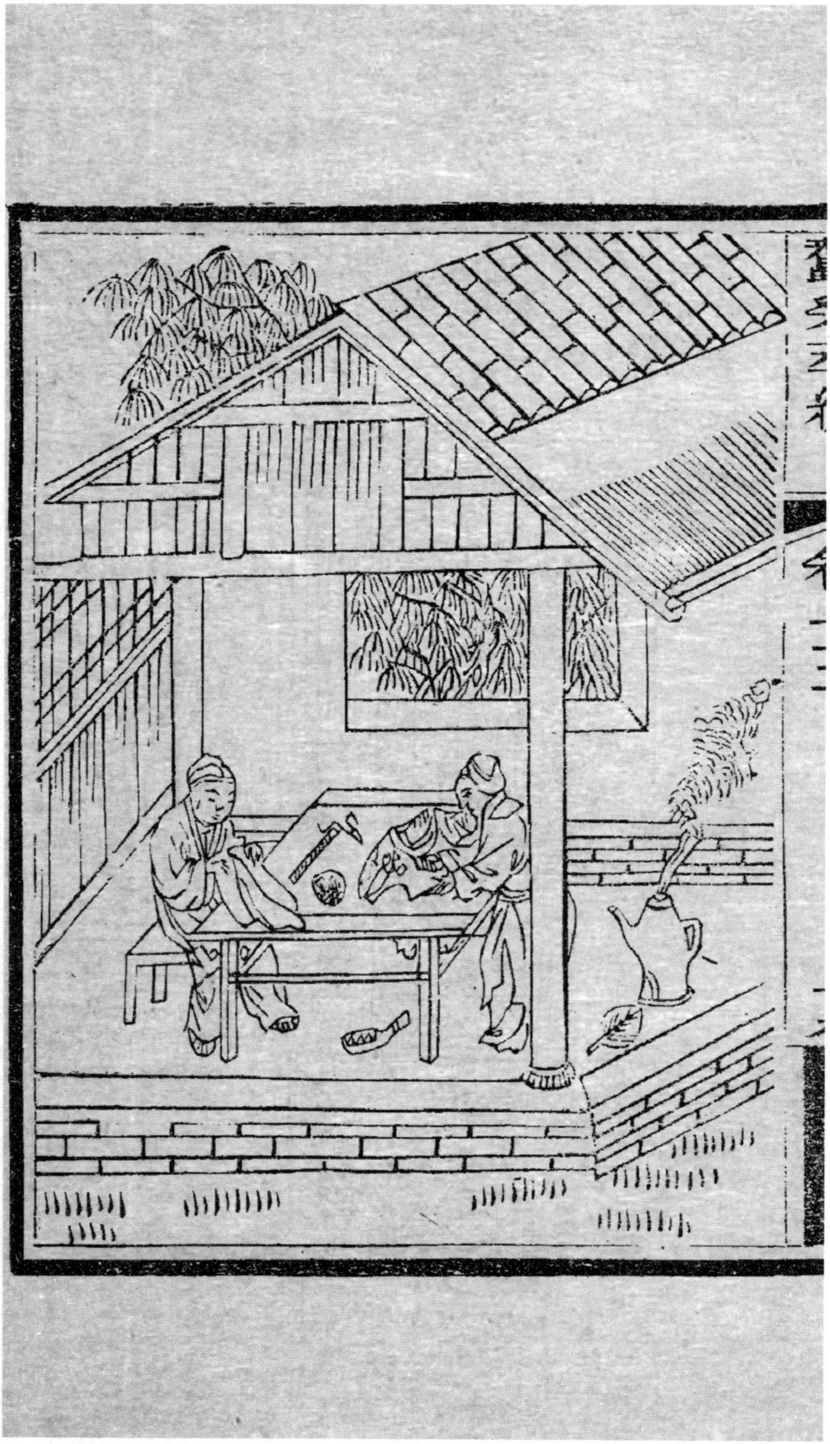

九月

西風吹漸勁凜凜寒氣生是月當授衣有絹已織成開笥就刀尺長短隨人情身被羅綺服五色相間明可惜無褐者此際尚經營婦女於蠶桑慇懃不可輕

園中即事

九月築場圃大田稼多多初蠶徵稅供再蠶錦繡歌三蠶衣食裕人力敏如何寄語紈袴子慎勿輕綺羅

蠶桑萃編
卷十二

十月

孟冬三時畢歲寒識勤惰勤者衣食足農隙釀新糯乘閒宴姻親婚嫁隨時過庖羔復蒸豚稱壽雙親座子弟攻詩書勤理窗前課此時慵懶人受寒復忍餓

閨中即事

十月納禾稼聲涵樂歲中爲裳正流火卒歲頌豳風、牽蘿補茅屋挑燈課女紅七襄功報最莫詠杼其空

蠶桑萃編
卷十三

十一月

飛雪撲人面日暮又北風此時寒已甚方知蠶有功

白髮擁重纊少壯衣俱豊纖婦深閨裏圍爐煖氣融

堂上陳餚醴醉倒嫗與翁無襦街頭子號寒總屬空

園中即事

冬月木葉脫冬至桑葉乾枯桑知天風海水知天寒

長宵勞紡績終歲怯衣單妾心忙不得坐看丹葉丹

蠶桑萃編
卷十二

十二月

凄其歲云暮寒風聲飀飀征人鬚似鐵室家正好休閉戶垂簾幕煖閣衣重裘此時理桑蘖明年芽早抽更宜浴蠶種絲纊亦倍收凡事預籌畫自無號寒憂

圃中卽事

歲十有二月飲蜡始伊耆百種報以穡勞酒稱觴卮民事不可緩乘屋亟其宜一幅田家樂羔羊獻頌詩

蠶桑萃編 卷十四至十五

蠶桑萃編
卷十四外記
泰西蠶事類
卷十五外記
東洋蠶子類

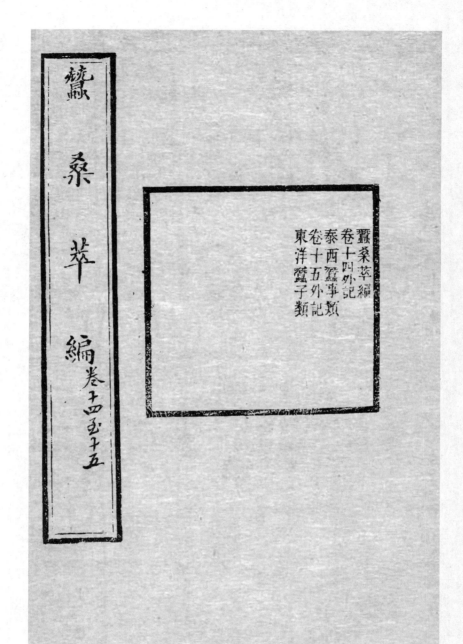

外記

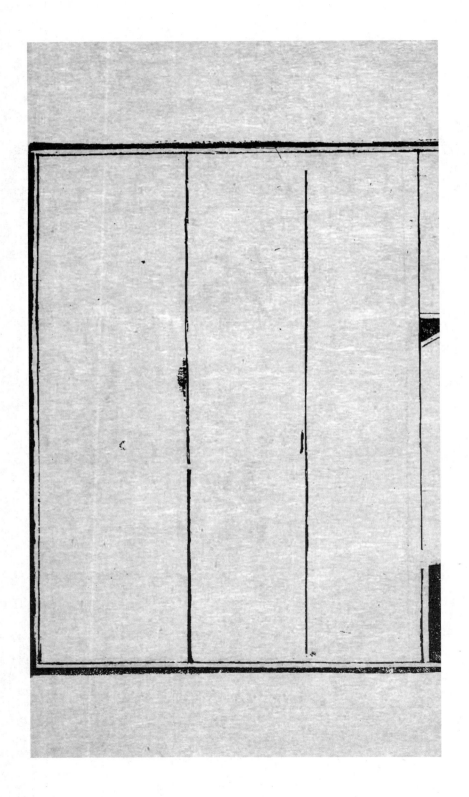

蠶桑萃編卷十四

外記目錄

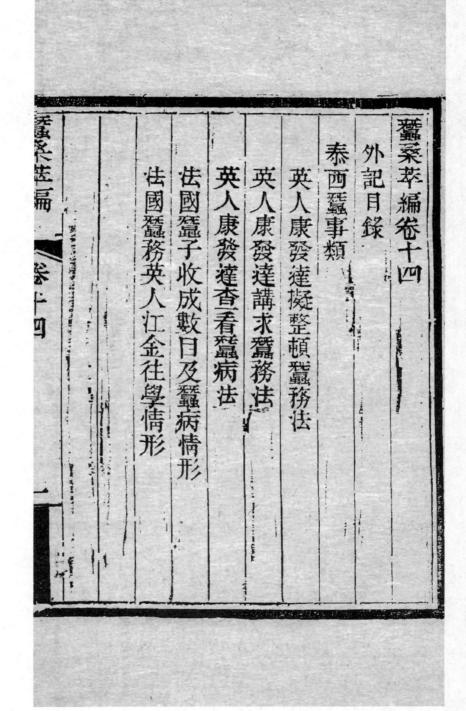

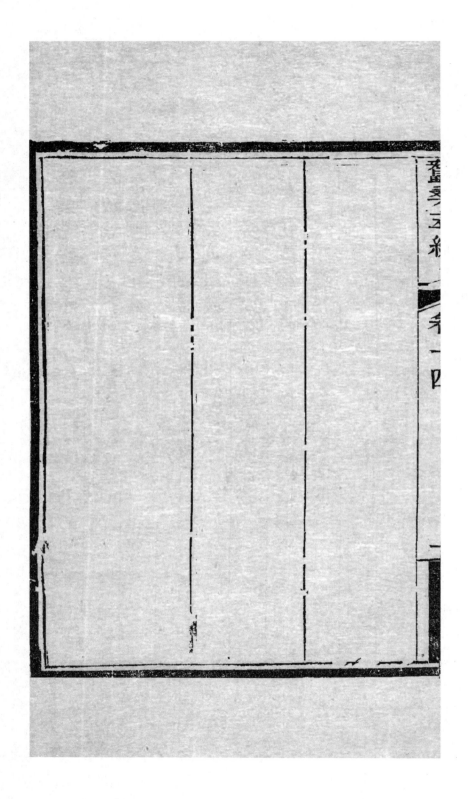

蠶桑萃編

西學蠶絲類一

英人康發達擬整頓蠶務法

計開

一現查得日本整頓蠶務章程係本之奧國成法今擬在上海設立整頓蠶務總局亦倣照在日本所查整頓蠶務情形摺中第四條內奧國之法先行試辦

一設局以倣照法人巴斯陡選擇無病蛾子之法爲首務局內養蠶蓄留最佳之子如有向業售賣蠶子之人二三年內未能如法蓄子准其來局購子轉賣

俾無失業且售以極賤之價藉以稍補經費不願購者决不勉强若養子之家送子至局請代檢查則不收分文經費

一檢查蛾子既爲首務則檢查蛾子之人不可缺少前派往法國養蠶公院學習之人現已返申局中擬酌量招集生徒使其在局教習

一蛾子固須至佳繅絲尤宜匀净洋商方樂購買則繅絲非用機器不爲功局中應購買繅絲機器數副但繅絲機器有用人力者有用牛馬者有用火力者均隨時酌量何等機器相宜即用何等機器除繅本

局自養之繭外凡有向業繅絲之人先准其來局學
習俾無失業如有民人願送繭至局代繅者定一極
輕之費俾收回本局工本不願者決不勉强繅絲之
時准民人來局觀看以期其自行購備機器繅絲
一內地產絲之處應隨時擇要設立分局即託該處
公正紳士經理售子及有人送蛾子請查送繭請繅
等事總局但酌派學生數人往分局專司查子繅絲
之事
一現在設立總局爲試辦整頓蠶務起見所有各事
雖與民人大有利益絕不强民遵從願與不願悉聽

民便俟成效昭著風氣漸開再行推廣辦理

計開

一應查明中國南中北各省各種蠶內以何種蠶內力量爲最大不易受天氣及菲西巴拉西德等害成繭既多且佳即用此種蠶按照分方法多行做子

二按照上條中國何處有好用之蠶即可爲做子之用

三如某省內或幾處或全境無好用之蠶種可查明用何種蠶子帶往其地以整頓其地之蠶使其成繭多出佳絲並傳爲種子之用

四凡查明中國蠶繭生絲絲貨運往西國及美國者有何獘病即用何法整頓之便加增價植而挽回逾格擠落之行情

五應查明按照西國美國收買商人之意有何法盤中國絲貨隨時更變情形以便擴充銷路

六應查明如中國日後蠶子運往外國宜用何法防備經手獘端有害做蠶子及收買蠶子之人抑或另有妨礙之處

七凡中國野蠶及半家半野之蠶內有何種適用有何種之繭及絲生何獘病宜用何法整頓使之適用

以便生産日旺出口日多各節均應查明

八宜設一小試繰絲用機器可品較繭之身分高低以便公估而免賣主買主受虧

九宜查明各處繰絲之水應用何法製水使佳

按現在最要之事宜將上開九條試辦專章當此試辦之時講求明妥著有成效以爲日後局中設立整頓定章地步

英人康發達講求蠶務法

計開

一應講求家桑樹及野桑樹生有何病並其病之生

長原由與防治之法
二應查明何種之桑最佳即宜勸民多種
三應查明各處養蠶之法如何宜整頓其法便佳
四應查明各處蠶有何病宜如何設防備之法
五應按照合宜之理養蠶做分方法之子
六應做照奧國格爾子養蠶公院章程教道百姓使
其學習與蠶務關涉各事並教以顯微鏡之用然由
本局講求出之利益仍併入教習之再隨時刊布淺
近說畧
七宜儲養學生使其諳練各事以便日後派往養蠶

最要之區所設分局充當坐辦各事

八總局固應督辦各分局之事該分局所應辦之事係護助本處蠶業做子之事宜用口授淺近及有式可睹之法使人學習養蠶合宜之理

九凡前此所有講求蠶種之事尚未完畢至此宜通行講明並定明何種蠶宜養於何處並宜於何處做出種子

十應查明中國有何地方向無蠶事而其地則宜養蠶應設法種桑勸民養蠶蓋有此等地方距現在養蠶稠密地方較遠其處最宜於做子也

十一蠶子性宜冷且冷性宜一律故凡蠶子經過冬令或想巧法設立棧房存留或置在高地藏放以便蠶子有力日後在熱地飼養即不易受天氣及菲西巴拉西德等之害

十二製造蠶種之法或將本國不同種蠶配合而生子或將他處佳蠶運回傳種

十三應設法教習凡在內地或通商口岸絲業之人及絲業經手之人均能分別蠶繭生絲綢緞以及亂絲頭等貨身分之高低以便運出口時能得至高之價

十四凡一切之事與絲務有關涉者均應講查使蠶繭日多絲業出口日旺譬或助立公棧做至佳之蠶種或助立公棧收買零數生繭製造成包躉賣或助用至盡之機器繅絲及製造亂絲頭能於適用

十五應設一蠶務博物院凡與蠶有關之物均備於院內以便蠶戶繅工機匠進內看其式樣詳究其理如有質問之處或在院中面問或行函致均隨時回復之

英人康發達查看蠶病法

計開

第一號徐順方寄來灰殺蠶種十二條內查得無病二條粒瘟病四條黃軟病六條

第二號羅帶橋張政芳寄來青皮鹽殺種蠶十一條內查得無病二條粒瘟病一條黃軟病八條

第三號新市俞石林寄來三眠蠶八條四眠蠶八條花皮蠶八條白繭二十七箇查得三眠蠶內無病三條粒瘟病二條黃軟病三條四眠蠶內無病三條黃軟病五條花皮蠶內無病三條粒瘟病一條黃軟病四條白繭僅查三箇內均有粒瘟病

第四號菱湖楊萬豐代寄三眠蠶二十條四眠蠶十

條白繭一百二十六箇蛾九隻查得三眠蠶內無病十一條粒瘟病七條黃軟病二條四眠蠶內無病六條粒瘟病一條黃軟病三條白繭僅查得四箇內無病二箇粒瘟病二箇蛾九隻內無病六隻粒瘟病三隻

第五號長安寄來無字號蠶十條白繭二十一箇查得無字號蠶內無病五條黃軟病一條無眠病四條白繭僅查得十二箇無病七箇粒瘟病四箇無眠病一箇

第六號楓涇寄來大眠二蠶十四條白繭一百十四

箇查得大眠二蠶內無病二條粒瘟病十條黃軟病二條白繭僅查六箇內粒瘟病一箇黃軟病五箇

第七號楓涇寄來四眠蠶五條白繭二百五十四箇又四眠蠶五條雙蠶繭九十六箇又四眠蠶五箇無字號蠶蛾十二隻查得四眠蠶內無病一條粒瘟病一條黃軟病三條白繭僅查六箇內無病三箇粒瘟病二箇無眠病一箇又四眠蠶內粒瘟病三條黃軟病二條雙蠶繭僅查六箇內無病四箇粒瘟病二箇又四眠蠶內粒瘟病四條黃軟病一條無字號蛾內無病七隻粒瘟病五隻

第八號沈杏山寄來二蠶十條無字號蠶四十條無字號蛾十四隻查得二蠶內無病八條粒瘟病一條黃軟病一條無字號蠶內無病二十五條粒瘟病八條黃軟病七條無字號蛾內無病十隻粒瘟病四隻

第九號寄來白繭二十五箇蠶蛾十四隻僅查得白繭五箇內粉瘟病四箇黃軟病一箇蛾內無病九隻粒瘟病五隻

第十號菱湖楊萬豐代寄朱鳳山三眠蠶九條蛾三隻蔣三壽四眠蠶五條蛾二隻包白肚四眠蠶五條蛾一隻姜位先三眠蠶五條蛾二隻曾發財三眠蠶

五條蛾五隻無字號蠶十三條繭二十箇蛾八隻查
得朱鳳山三眠蠶內無病五條粒瘟病二條黃軟病
二條蛾三隻均係粒瘟病蔣三壽四眠蠶內無病三
條粒瘟病一條蛾二隻無病包白肚四眠蠶內無病
四條粒瘟病一條蛾一隻係粒瘟病姜位先三眠蠶
內無病四條黃軟病一條蛾二隻係粒瘟病會發財
三眠蠶內粒瘟病一條黃軟病四條蛾無病二隻粒
瘟病三隻無字號蠶內無病三條粒瘟病二條黃軟
病六條無眠二條又白繭僅查四箇無病一箇粒瘟
病二箇黃軟病一箇又蛾無病三隻粒瘟病五隻

按查得蠶二百零八條內無病九十條粒瘟病五十條黃軟病六十二條無眠病六條蠶繭四十五箇無病十七箇粒瘟病十九箇黃軟病七箇無眠病二箇蠶蛾七十隻無病三十九隻粒瘟病三十一隻

法國蠶子收成數目及蠶病情形

計開

按法國重一吉羅克蘭合中重二十八兩每一吉羅克蘭分爲一千克蘭每一克蘭分爲十代西克蘭每一代西克蘭分爲十桑的克蘭每一桑的克蘭分爲十密理克蘭若養蠶子重二十五克蘭約爲三萬五

干粒故重一克蘭子約爲一千四百粒每重一桑的克蘭子爲十四粒矣又重二十五克蘭子養成繭至少重五十吉羅克蘭故重一克蘭子約成繭二羅克蘭重一桑的克蘭子約爲十四粒成繭二十克蘭也

第一號白皮蠶子重七十二桑的克蘭應收繭重一千四百四十克蘭因蠶有粒瘟及黃軟病養成繭四十八個重五十四克蘭是約爲百分之四分也該繭內無隹蛾生子未留藥水浸有蠶七條

第二號白皮蠶子重五十四桑的克蘭應收繭重一千八十克蘭因蠶有粒瘟及黃軟病養成繭八十五

箇重一百四克蘭又四代西克蘭是約爲百分之十
也該繭內無佳蛾生子未留藥水浸有蠶四條
第三號白皮蠶子重七十二桑的克蘭應收繭重一
千四百四十克蘭因蠶有粒瘟黃軟無眠病養成繭
三十六箇重五十四克蘭是約爲百分之四分也該
繭內無佳蛾生子未留藥水浸有蠶十四條
第四號小種白皮蠶子重七十二桑的克蘭應收繭
重一千四百四十克蘭因蠶有粒瘟及黃軟病養成
繭一百二十箇重一百十八克蘭又八代西克蘭是
爲百分之八分餘也該繭內無佳蛾生子未留藥水

浸有蠶八條
第五號中種白皮蠶子重七十二桑的克蘭應收繭
重一千四百四十克蘭因蠶有粒瘟及黃軟病養成
繭三十八箇重五十四克蘭是約爲百分之四分也
該繭內收得無病蛾子九箇約重三克蘭又二代西
克蘭藥水浸有蠶四條
第六號大種白皮蠶子重七十二桑的克蘭應收繭
重一千四百四十克蘭因蠶有粒瘟及黃軟無眠病
養成繭九箇重十二克蘭又九十六桑的克蘭是約
爲千分之九分也該繭內無隹蛾子未留藥水浸有

蠶八條
第七號白皮蠶子重七十二桑的克蘭應收繭重一
千四百四十克蘭因蠶有粒瘟及黃軟病養成繭一
百五十四箇重二百十六克蘭該繭內無佳蛾生子
未留藥水浸有蠶五條
第八號龍角蠶子重五十四桑的克蘭應收繭重一
千八十克蘭因蠶有粒瘟及黃軟病養成繭二十四
箇重二十四克蘭該繭內無佳蛾生子未留藥水浸
有蠶五條
第九號白皮蠶子重五十四桑的克蘭應收繭重一

千八十克蘭因蠶有粒瘟及黃軟病養成繭四十箇重五十四克蘭又六代西克蘭是約爲百分之五分餘也該繭內無隻蛾生子未留

第十號白皮蠶子重五十四桑的克蘭應收繭重一千八十克蘭因蠶有粒瘟及黃軟病養成繭二百六十六箇重三百三十一克蘭該繭內無隻蛾生子未留藥水浸有蠶八條

第十一號白皮三眠蠶子重七十二桑的克蘭應收繭重一千四百四十克蘭因蠶有粒瘟及黃軟病養成繭十四箇重十二克蘭又六代西克蘭是約爲千

分之九分也該繭內無隹蛾生子未留藥水浸有蠶
八條
第十二號黑花皮三眠蠶子重七十二桑的克蘭應
收繭重一千四百四十克蘭因蠶有粒瘟及黃軟病
養成繭九十箇重九十克蘭該繭內收得無病蛾子
八隻約重二克蘭又九代西克蘭藥水浸有蠶四條
第十三號白皮蠶子因到法國公院即出子重若千
先未查明該蠶有粒瘟及黃軟病養成繭五十六箇
重七十二克蘭該繭內收得無病蛾子五隻約重一
克蘭又八代西克蘭藥水浸有蠶三條

第十四號白皮蠶子重七十二桑的克蘭應收繭重一千四百四十克蘭因蠶有粒瘟及黃軟病養成繭八十六箇重一百二十三克蘭又四代西克蘭該繭內無隹蛾生子未留藥水浸有蠶四條

第十五號白皮蠶子重七十二桑的克蘭應收繭重一千四百四十克蘭因蠶有粒瘟及黃軟病養成繭一百五十九箇重二百五十克蘭又二代西克蘭該繭內無隹蛾生子未留藥水浸有蠶四條

第十六號白皮蠶子重七十二桑克蘭應收繭重一千四百四十克蘭因蠶有粒瘟及黃軟病養成繭一

百二十四箇重二百九十八克蘭又八代西克蘭是約爲百分之二十一也該繭內收得無病蛾子十二隻約重三克蘭又八代西克蘭

第十七號白皮蠶子因到法國公院即出子重若干先未查明該蠶有粒瘟及黃軟病養成繭五十六箇重六十八克蘭又四代西克蘭該繭內無隹蛾生子未留藥水浸有蠶三條

第十八號黑花皮柘蠶子重七十二桑的克蘭應收繭重一千四百四十克蘭因蠶有粒瘟及黃軟病養成繭十箇重十克蘭又八桑的克蘭該繭內無隹蛾

生子未留藥水浸有蠶二條
第十九號白皮蠶子重七十二桑的克蘭應收繭重一千四百四十克蘭因蠶有粒瘟及黃軟無眠病養成繭六十五箇重三十克蘭又六桑的克蘭是約爲百分之二分餘也該繭內無隹蛾生子未留藥水浸有蠶七條
第二十號肉皮蠶由第七號內分出亦有粒瘟及黃軟病養成繭二十七箇重五十七克蘭又六代西克蘭合之第七號所收繭數是約爲百分之十九分也該繭內無隹蛾生子未留

第二十一號白皮蠶由第八號內分出亦有粒瘟及黃軟病養成繭一百十箇重一百六十九克蘭又二代西克蘭合之第八號收數是約爲百分之十九分也該繭內收得無病蛾子二隻約重七代西克蘭餘藥水浸有蠶四條

第二十二號白皮四點蠶由第十號內分出亦有粒瘟及黃軟病養成繭三十六箇重五十七克蘭又六代西克蘭該繭內無雀蛾生子未留

第二十三號斑點白皮蠶由第十號內分出亦有粒瘟及黃軟病養成繭十五箇重十八克蘭合之第十

號及二十二號收數是約爲百分之三十七分也該繭內無隹蛾生子未留

第二十四號白皮三眠蠶由第十二號內分出亦有粒𤸷及黃軟病養成繭一百十六箇重九十七克蘭

又二代西克蘭合之第十二號收數是約爲百分之十三分也該繭內收得無病蛾子五隻約重一克蘭

又八代西克蘭藥水浸有蠶三條

第二十五號白皮四黜蠶由第十四號內分出亦有粒𤸷及黃軟病養成繭六十四箇重七十九克蘭又三代西克蘭該繭內收得無病蛾子十隻約重三克

蘭叉六代西克蘭
第二十六號黑皮蠶由第十四號內分出亦有粒瘟及黃軟病養成繭四十七箇重六十四克蘭叉八代西克蘭合之第十四號第二十五號收數是約爲百分之十八分餘也該繭內收得無病蛾子四隻約重一克蘭叉四代西克蘭藥水浸有蠶四條
第二十七號白皮四點蠶由第十五號內分出亦有粒瘟及黃軟病養成繭一百五箇重一百四十七克蘭叉六代西克蘭合之第十五號收數是約爲百分之二十八分也該繭內收得無病蛾子十二隻約重

三克蘭又九代西克蘭藥水浸有蠶四條
第二十八號白皮蠶由第十八號內分出亦有粒瘟
及黃軟病養成繭六十五箇重三十九克蘭又七代
西克蘭合之第十八號收數是約爲百分之三分餘
也該繭內無佳蛾生子未留藥水浸有蠶二條
按一年養一次蠶子本帶去十九種因一種子內常
有二三種者共分爲二十八種該二十八種內按所
養之子應收繭數以計至多者爲百分之三十七分
餘至少者爲千分之九分餘合計繭之收數不過爲
百分之七分餘也以上二十八種所收之繭內有十

八種之繭因病太甚均不能做子其餘十種之繭尚未全病仍可做子然所做之子不過爲百分之十分也

計開

第一號白皮蠶子重五十四黍的克蘭應收繭重一千八十克蘭因蠶有粒瘟及黃軟病養成繭二百四箇重百五十八克蘭又四代西克蘭藥水浸有蠶二條第二養子種七十二黍的克蘭應收繭重一千四百四十克蘭雖因蠶仍有病成繭七百八十箇重七百五十六克蘭是約爲百分之五十二分餘也該繭

內收得無病蛾子三隻約重一克蘭又一代西克蘭藥水浸有蠶十條

第二號白皮蠶子重三十六桑的克蘭應收繭重七百二十克蘭因蠶有粒瘟及黃軟病養成繭四十箇重三十二克蘭又四代西克蘭是約爲百分之四分餘也藥水浸蠶四條第二次養子重三十六桑的克蘭應收繭重七百二十克蘭雖因蠶仍有病成繭一百四十七箇重一百二十二克蘭又四代西克蘭是約爲百分之十七分也該繭內收得無病蛾子七隻重二克蘭又五代西克蘭藥水浸有蠶十條

第三號白皮蠶子重五十四桑的克蘭應收繭重一千八克蘭因蠶有粒瘟及黃軟病養成繭三百四十箇重三百二克蘭又四代西克蘭藥水浸有蠶四條

第二養子五十四桑的克蘭應收繭重一千八十克蘭雖因蠶仍有病成繭五百四十箇重五百五十四克蘭又四代西克蘭是約爲百分之五十一分餘也該繭內收得無病蛾子一隻約重三代西克蘭餘藥水浸有蠶十條

第四號肉皮蠶子重七十二桑的克蘭應收繭重一千四百四十克蘭因蠶有粒瘟及黃軟病養成繭一

百九箇重七十五克蘭又六代西克蘭是約爲百分之五分餘也第二次養子重五十四桑的克蘭應收繭重一千八十克蘭雖因蠶仍有病成繭五百五十四箇重四百十四克蘭是約爲百分之三十八分餘也該繭內收得無病蛾子六隻約重二克蘭又一代西克蘭藥水浸有蠶十條

第五號白皮蠶子重七十二桑的克蘭應收繭重一千四百四十克蘭因蠶有粒瘟及黃軟病養成繭一百十七箇重一百六十九克蘭又二代西克蘭藥水浸有蠶二條第二次養子重七十二桑的克蘭應收

繭重一千四百四十克蘭雖因蠶仍有病成繭五百四十四箇重四百十四克蘭是約爲百分之二十八分餘也該繭內收得無病蛾子六隻約重二克蘭又一代西克蘭餘藥水浸有蠶一條

第六號白皮蠶子重五十四桑的克蘭應收繭重一千八十克蘭因蠶有粒瘟及黃軟病養成繭四十七箇重三十六克蘭藥水浸有蠶三條第二次養子五十四桑的克蘭應收繭重一千八十克蘭雖因蠶仍有病成繭四百七十四箇重四百三十二克蘭是約爲百分之四十分也該繭內收得無病蛾子十隻約

重三克蘭又七代西克蘭藥水浸有蠶十條

第七號白皮四點蠶由第一號內分出亦有粒瘟及黃軟病養成繭四十五箇重四十三克蘭又二代西克蘭合之第一號收數是約爲百分之十八分餘也藥水浸有蠶二條第二次養子重七十二桑的克蘭應收繭重一千四百四十克蘭雖因蠶仍有病成繭六百七十八箇重七百二十克蘭是約爲百分之五十分也該繭內收得無病蛾子六隻約重三克蘭又一代西克蘭餘藥水浸有蠶十條

第八號內皮蠶由第三號內分出亦有粒瘟及黃軟

病養成繭三十三箇重三十二克蘭合之第三號收數是約爲百分之三十一分也藥水浸有蠶四條第二次養子重五十五桑的克蘭應收繭重一千八十克蘭因蠶有病更甚成繭八十九箇重九十克蘭是約爲百分之八分餘也該繭內收得無病蛾子二隻約重七代西克蘭藥水浸有蠶十條

第九號白皮四點蠶由第五號內分出亦有粒瘟及黃軟病養成繭七十箇重五十克蘭又四代西克蘭合之第五號收數是約爲百分之十五分餘也藥水浸有蠶二條第二次養子重七十二桑的克蘭應收

繭重一千四百四十克蘭雖因蠶仍有病成繭五百八十二箇重五百四十克蘭是約爲百分之三十六分也該繭內收得無病蛾子二十一隻約重七克蘭又五代西克蘭藥水浸有蠶十條

第十號白皮斑點蠶由第六號內分出亦有粒瘟及黃軟病養成繭八箇重七克蘭又二代西克蘭合之第六號收數是約爲百分之四分也藥水浸有蠶二條第二次養子重五十四桑的克蘭應收繭重一千八十克蘭雖因蠶仍有病成繭五百九十六箇重五百四十克蘭又八代西克蘭是約爲百分之四十七

分餘也該繭內收得無病蛾子七隻約重二克蘭又五代西克蘭藥水浸有蠶十條

按一年養二次蠶子本帶去六種因一種子內常有兩樣者共分爲十種該一種內按所養之子應收繭數以計第一次至多者爲百分之三十一分至少者爲百分之四分合計繭之收數不過爲百分之十一分第二次至多者爲百分之五十二分至少者爲百分之八分合計繭之收數爲百分之三十六分餘可見第一次蠶病甚重養至第二次病已減去十分之二矣但第二次所收之繭雖較第一次爲多其繭能

做子仍不過爲百分之二分餘也統計一年養一次蠶子及一年養二次蠶子共三十八種固無一種無病者中國蠶病之甚豈非明徵耶

法國蠶務英人江金往學情形

計開

一江生金一名卽係光緒十三四兩年稟報在甯坡設一養蠶小院內之工頭查江生金雖爲工人其意智則非工人之類實見其心地純正旣屬可靠所派之事亦復經心性情頗巧且自欲急行增長見識爲上等之人而其人實可受栽培故遵倪恩投所勸需

人往法學習之事卽行派伊前往絕無絲毫疑惑該工頭往蒙伯業養蠶公院內學習雖無他人未往院學習以前所有之學習然之其於分內應學之事不致遺誤因該工頭不通法語須派一傳達法語之人同往襄助且傳語之人莫要於年幼其中又多益也當派上海人金炳生同往係由工部局首事轉請該局學堂總教習在堂中最優之學生內選出

一該兩人派往法國學習之時均立有切結存案今將結中緊要之事開列於下　一在法國時遵照倪恩投所定各節學習　一宜專心學習養蠶各事

三該兩人往來盤費及在法國居住火食衣服均行暫給每月並給津貼銀若干不給薪水　四該兩人學習回國後仍歸管束派用察其才能再行酌給薪水惟五年限內不准借詞告退如不遵照在三年內告退者則所有暫給等款均須加倍罰繳在最後二年內告退則照暫給等欵之數罰繳若五年期滿告退即將前暫給之欵作爲賞給　五倘或不准設立養蠶局該兩人學習回國後如無差使可派另行賞給銀兩以示體恤　六須備日記簿一本記載在法學習養蠶各事每一禮拜抄寄察閱　七該二人應

照以上所定各項費用備一帳簿隨時登記此簿由
江生金一人所管如學習養蠶應用器具悉遵倪恩
投定購
三該二人往法國之時會具報一面購有各種蠶隨
時同往內有家蠶一年養一次蠶子十九種一年養
二次蠶子六種以便在蒙伯葉公院內放照巴斯陡
新法飼養收繭做子並使該二人面覩其式愈爲經
意
四該二人於光緒十五年二月十五日自上海起程
前往於三月十八日抵法其時已由倪恩投申請法

國准該二人入蒙伯葉養蠶公院內學習並經農部
大臣核准該公院代養各種蠶子所有房屋器具人
工各費均不須繳但蠶食之葉價須照値償還遂於
三月二十五日江金生金炳生二人爲入院學習之
始由教習麻里阿教習之
五該二人入院學習未久接倪恩投來函云該二人
應深知其艱難教習蓋從前印度派來之工匠先在
英國農事學堂習學各事已久易明巴斯陡及西國
蠶務各事所有格致之理該二人全不知悉惟麻君
盡力將蠶務各事化入二人之心思使稍知此中精

理麻君學問素優辦事精明性又安詳具誨誘之善技尙可冀將該二人教成也按江生金之爲人如以前所論則今日倪恩投之來函所言無足爲異且亦早料有如此情形也是以覆倪恩投函云鄙意中所躊躇者誠如來函所云現派來之二人不能及印度派來之一人但如印度派來之一人中國一時實無其選鄙意之所重者在江生金一人或終不負麻君之所教也惟所深愧者以麻君學問最優之人而遇此意想不及難以教習之人耳然派江生金之始意不過令其能知巴斯陡所用之法及西國養蠶各法

其能否知格致之理無關緊要緣將來江生金止冀其能爲養蠶工頭各務並不冀其能爲工頭以上之事也但派二人前至西國似宜努力以便諳練各務可以回助所擬辦理之事易於成功也擬再請按以上之意用便易之法教習之即令該二人進至十二月回華亦可也

六該二人學習之後復接倪恩投函云二人學業頗有進益今日所深喜慰可以呈報者江生金學習已畢教習麻里阿函致倪恩投云巴斯陡新法所有之功用江生金已全在握中矣該二人不獨未負其所

賞識且始所期望不過如此蓋能如此即可將所擬
中國整頓蠶務各事辦成也
七該二人在蒙伯業公院學習時固在麻里阿屬下
至往他處學看蠶務各事復由倪恩投請派其第一
幫辦即培而克同往照料七月初該二人在蒙伯業
學習已畢前往巴黎在巴黎公會游視與蠶務有關
各物如繅機器各種生絲各種絲貨是亦由倪恩投
照料一切及與該二人講明蠶繭生絲之好壞倪恩
投可謂厥已以相教該二人也又造繅絲機器廠造
有至新繅絲之機器在公會內試用由倪恩投商令

江生金前往學習繅絲之用數日七月二十六日該二人自巴黎往里昂城考察絲質院內學用考查蠶繭生絲之器具並在里昂附近上所言造至新機器廠內學習裝卸動用機器之法後回蒙伯葉時路途所經幾處繅絲廠亦復進內看視江生金回蒙伯葉之後復將麻里阿從前所教各事由郎培而克遵麻里阿所囑一一復為考明蓋其時麻里阿已經染病惜不幾已故矣江生金考驗已畢郎培而克具報倪恩投云按現在余所可報江生金學習之 一粗能知巴斯陡新法用顯微鏡選子之事現在該工人帶

回中國之子當余面前選擇均臻妥當　二該工人
深知分方法之理及其原故並如何做照也　三該
工人能分別蠶常所有之病　四可使稍明將蠶子
妥當收藏有何利益　五可使稍知養蠶不可太密
並房屋宜多透生氣　六該工人現帶去詳細說畧
係麻里阿所與講明蠶之各病原由
八江生金金炳生於光緒十五年十一月十七日回
至上海該二人所派往之事均已辦完往來多日該
二人並無難處殊可欣慰然皆倪恩投首先之照料
次則麻里阿之維持欽佩無涯似必有以酬其勞績

方可也
九帶往蒙伯葉公晥所養蠶子如何情形另行開單
呈明

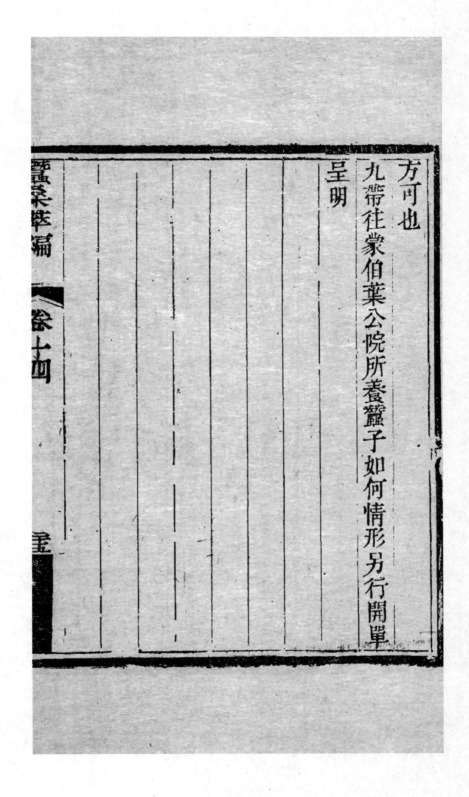

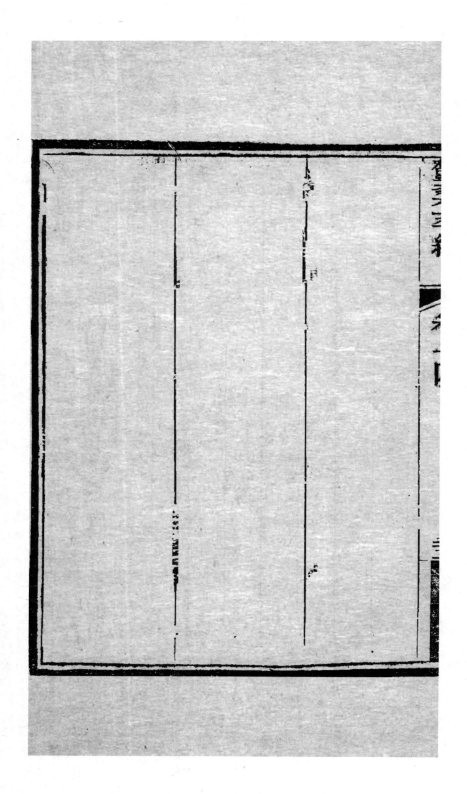

外記

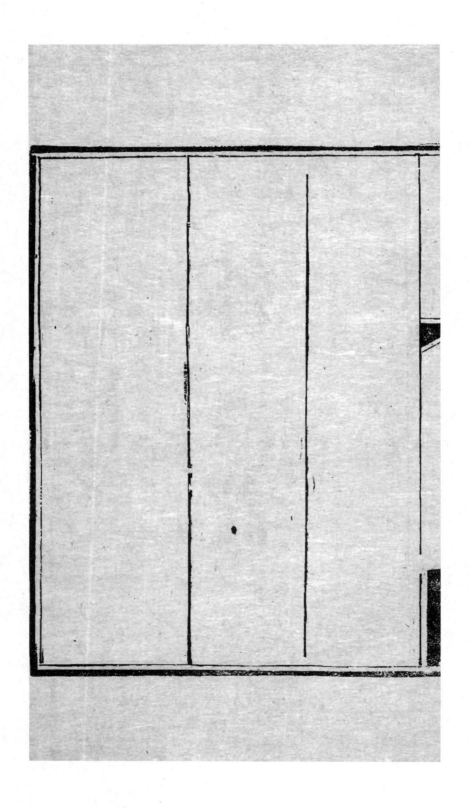

蠶桑萃編卷十五

外記目錄

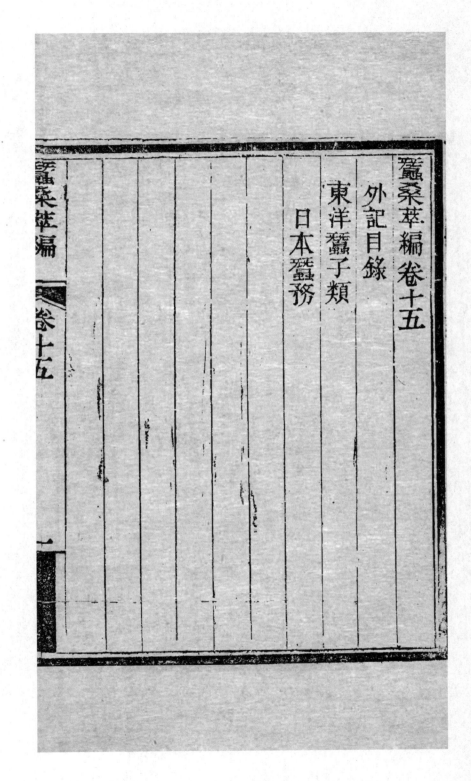

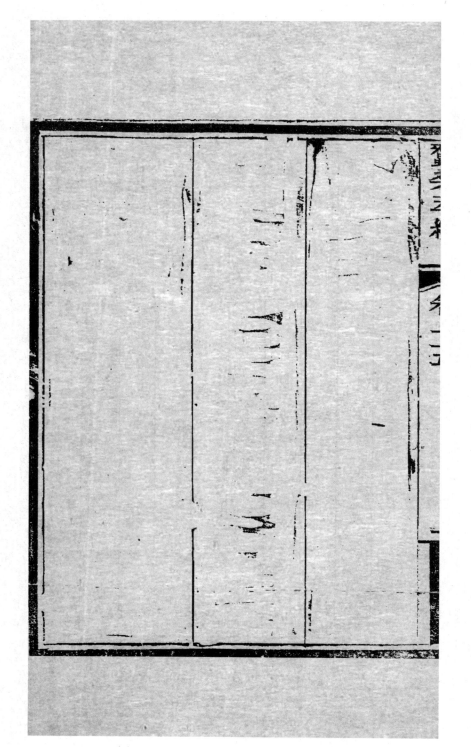

蠶桑萃編外記

東洋蠶絲類

日本蠶務

一日本二三十年之前蠶絲所產俱在中島地面其島名本道橫濱商人以所出絲樣包捆分該島爲三區其北一區起自地圖緯度北三十七至三十七度半起自經度東一百四十至一百四十一度凡運往外國生絲及蠶子紙總數內生絲有百分中之二十分蠶子紙有百分中之二十五分皆由其區而來區內以福塢鎮爲絲市聚會之所其中一區與北一區

相連在其西南起自緯度北三十七至三十五度半起自經度東一百三十七至一百三十九度半居東京之西北凡運往外國生絲及蠶子紙總數內生絲有百分中之六十五分蠶子紙有百分中之七十分皆由其區而來但其區內所出生絲及蠶子紙計百分中約有三十分生絲十五分蠶子紙係上野之郡馬縣所出二十七分生絲六十分蠶子紙係信濃之長野縣所出十五分生絲係武州之琦玉縣所出是可見上野爲日本蠶務最盛之省該省以前橋爲絲市聚會之所緣前橋一帶所出生絲至爲著名他絲

之價必視之爲准若信濃爲最高地之省蠶務亦盛
飼養得宜所出蠶子既多且隹而以上田鎮爲尤盛
余曾親往該處查閲也其南一區與中一區相連在
其西南其區各縣所產蠶絲不多綜其全額不過於
運往外國生絲蠶子紙總數內生絲居百分中之十
五分蠶子紙居百分中之五分
二日本之蠶分爲兩種一名春蠶一年只出一次春
夏所養此種蠶絲多而且隹一名夏蠶一年能出數
次夏秋所養此種蠶不甚貴重養者不多以上兩種
之蠶其中種類頗繁大約以繭色爲區別故繭有白

色淡青色黃色之分其白色及淡青色繭爲日本人所最愛斯有地出白色繭者多亦有地出淡青色繭者多

三在二三十年之前歐洲義法等國蠶病極盛之時除中國外蠶事之旺莫如日本其出口之絲固年多一年價値見漲而蠶子紙亦驟成爲一大宗貨色西國有數處養蠶公事或商家均每年派人至日本買子其中以義商爲至多由日本國家特准往內地購買蠶子紙俟秋季運回歐洲義國試養其白色淡青色之種第一年所成之絲頗佳惟至次年一後則蠶

子即漸變爲不准查自咸豐十年至同治四年日本國仍未改准蠶子運往外國之律而出口蠶子紙張數忽增計同治二年出口蠶子紙數爲三萬張每張蠶子約重二十五克蘭三年出口蠶子紙數爲三十萬張四年出口蠶子紙數爲二百五十萬張是蠶子紙買賣忽然增大如此與日本商人頗有利益而商人因之作弊或將不准蠶子或將頭蠶子與二三次蠶子混亂發賣況一年中蠶子出口如此之多與日本蠶務亦將大有妨礙其時西國商人公告日本國家如不設法整頓蠶絲各務恐日本絲業漸壞日本

國家因此事所關繫於民生者甚巨不能置之不問內務省乃訂立章程一面攺例准蠶子紙出口一面曉諭蠶戶須由國家經理其事但仍照舊時所知高地之蠶子比低地養蠶稠密所出蠶子爲佳故只准高地養蠶家做蠶子紙出賣並派人照料養蠶各事每蠶子紙須經查驗蓋戳爲憑否則不准出賣此法行後深獲其益雖不能防止蠶種之病而實能使蠶病之害不至如他國之深且巨也同時日本國家復講求製絲之法於同治十二年在武州富岡鎮倣照法國最新式樣建造機器繅絲公局由熟悉絲務法

人畢能納經理局務所繅之絲條條勻淨每日局中所繅繭五千斤每年約繅繭一百二十五萬斤計用工匠八百餘名內女工約六七百人其局中事務繁盛均係官辦三年後畢能納即行離局至今仍寓滬上該局自畢能納去後所使之人均爲日人余親往局中查閱井井有條諸務妥善現有農商務省管理也富岡鎭局中所出之絲價值較高他處皆欲效之遂於各絲市聚會之所漸設立機器繅絲公局多由國家督率而保護之

四同治八年奧國在格爾子地方設立養蠶公院爲

歐洲中之創首以期設法除止伯撒靈之病緣其病將西國蠶務壞盡適其時法國學士巴斯陡查得該病情狀並思有防備之新法查數年前已知蠶有伯撒靈之病實係極小一點之巴拉西德必用顯微鏡方能顯出動物形一粒諺謂克拍司格此克拍司格在蠶全體之內生長頗速迨佈滿蠶體而蠶壞惟巴斯陡細爲詳查能知克拍司格之原委及如何生長如何增多之理蓋一蠶生有此病不獨傳染於他蠶而將來成蛾生子其子體內亦具此克拍司格冬季在蠶子體內不長俟春季卽長子出爲蟻爲蠶則與

之俱長此所以爲傳種之病其害日見加增也巴斯陡復查明無病之蛾其生出之子亦無病由此傳下之種倘飼養周到與有病之蠶離開則此病之根株卽絕由此以觀可見欲得無病之蛾巴斯陡乃剏做無病蠶子而爲蠶子分方法凡蛾相對時用小木楄或小竹圈將每對分置於內編號爲記則每雌蛾所生之子各在一處俟蛾旣殭卽將此蛾用乳鉢磨碎以顯微鏡查視如某號蛾體內有克拍司格粒形其號之子亦必有病當棄而不用如某號蛾體內無克拍司格粒形其子亦必無病卽留爲傳種之用此法

日做蠶子分方法溯同治七年奧國國家懸賞銀約三千兩之數以博求整頓蠶務之良法當時共有三十八人爭獻新法奧國養蠶公院於同治八九年間將各人之法逐細考校除巴斯陡之法外均未妥善嗣由農部令養蠶公院再行查視故會同著名廣有蠶事之戶在數處分試此法以期歸於至當試經兩年乃共知巴斯陡之法實有裨益同治十年遂以懸賞銀兩酬送巴斯陡夫用顯微鏡細爲查視剔去有病之蠶子即能將伯撒靈之病防止則以教習多人用顯微鏡之法爲第一要務且用此法以存無病之

種則蠶生有力他病亦自可消除矣奧國養蠶公院
之設雖以講求蠶務各事增長見識爲重然有應行
傳佈之事亦教導國人使之學習其教習所內專以
淺近口授之法相教如安邦多米謂全體各質也費
意昔訛樂際謂體內各質功用卽子與蠶及蛹與蛾
如何變化也如蠶生各病卽伯撇靈黃輭等名目生
長原由及防備之法也如養蠶之理合宜卽由子生
蟻其時如何餵養及預備桑葉各事每眠前後如何
將蠶移至新床蠶屋內如何生煖通風蠶山如何編
造如何折山收繭分別優劣並將生繭包捆出售或

將繭製乾存而出售如何將蠶子分方用顯微鏡檢查種蛾如何賣繭繰絲如何種桑及治桑樹之病等事也其中最要者惟用顯微鏡查考種蛾分方做子之法現今各國蠶務之盛皆由此而成但巴斯陡之法不克詳錄茲僅畧爲陳述耳其實巴斯陡之法不可僅師之於成書應由人口授並一面有式可覩查奧國養蠶公院教習所定章程祗准務蠶之人入所學習其人宜年過二十歲明白識字否則須由所內特准紳富子弟自願入學學習或國家學院之人國家並預存公欵以爲津貼來所學習貧人之膏火所

內學習之人按次學畢應由公院考試是否熟習用
顯微鏡分別蠶之各病及挑選種蛾諸事凡試可者
給以文憑或准其做蠶子出售或派往國家所設檢
查蠶子局爲司事按國家特設檢查蠶子局之意旣
欲使人廣知養蠶各理如法製做佳種亦預爲養蠶
不做子之人代爲做子且無論何人送子至局檢查
各局司事皆不收其費用凡奧國南境養蠶盛處均
設有此局其始局中養蠶及做子各器具經費均由
國家支給嗣後蠶務日興局款日多至今已無須國
家開支經費矣所設蠶局有數處每年所查蠶蛾數

計逾十萬其處子旣足用遂多販往他處自格爾子公院之設至光緒十三年計在教習所學成之人共五百三十三名內以奥國各省人爲多餘皆奥屬國之人此外由他國來學者計共四十六名如義國瑞士國德國俄國日本國均有也查教習所內各奥人學成而回均甚熟習做蠶子分方法日久廣行凡務蠶之戶爭欲聘用查養蠶一事須極謹慎小心用顯微鏡之法又極辛勞惟女工心靜易於從事故公院內初准女工來所學習不過於做蠶子時使用顯微鏡檢查種蛾該女工即頗爲諳練每日用顯微鏡能

查視四五百蛾易而且妥於是人爭聘熟習此法之女工而女工來院稟請學習者亦年多一年公院遂另建一女教習所計所內學成女工至去年有六十四名今統計格爾子公院內教習所學成之人查視種蛾每年數可得五百萬又渾境司格司特地方所設養蠶公院於光緒十三年僅就其一處計年中所查種蛾爲一百九十一萬餘自七月開查至次年三月其院內所用女工逾四百名之多故格爾子公院所管之境日漸推廣而其所著效驗則因做照巴斯陡之良法做子出絲較之二十年前所產實加十倍

格爾子公院開設後卽有義國在巴土呀城倣設當請格爾子公院之副總管往助至同治十三年法國亦設養蠶公院於蒙伯葉城以上所論各節似屬事外之論然實與查勘日本倣用巴斯陡之法頗有關繫蓋日本悉照奧國養蠶公院之法而行也

五在同治十二年春日本派內務省屬整頓農務局局長佐木前往奧國公會督辦本國預會事務佐木乃順至格爾子公院於養蠶之期學習兩年同治十三年冬佐木回至東京乃設講求蠶務所訪求日本養蠶各事及蠶之各病並將西國養蠶之人及學問

家講求各新法佈告國人使與舊法相較擇其相近者改易良法日本養蠶之法遂漸佳而所產之絲亦漸美數載後該所乃移之宮內至光緒九年由新設之農商務省在東京設立養蠶公院名爲蠶業試驗場所有章程悉照奧國格爾子之公院　一訪求伯撇靈之病　二整頓蠶務各事　三整頓與蠶務有關之農事該公院內教習所撥照新法養蠶並准學生遵以下之例入所學習　一入學之人至少宜已經務蠶三年　二年在二十以外四十以內　三宜畧識字義至教習教導之事　一用顯微鏡之法

二蠶之安邦多米法　三蠶變化之費意昔訛樂際
法　四蠶病原由及防止法　五養蠶之理合宜法
凡教習教導每次有四月之久自四月初至七月底
止此期內學生於蠶務各事均應工作國家不給薪
水房飯衣履均自備每次學習期滿由公院如法考
試試可者給以文憑或准其自作蠶子買賣或由國
家派往檢查蛾子局即當遵依每年往局辦事數月
酌給薪水
六光緒九年日本因連年內地業蠶及絲商生意不
旺查絲爲出洋貨物大宗關繫國計民生故戶部甚

以蠶絲之業爲念當由農商務省召集著名蠶戶至東京會議如何設法整頓養蠶各務及使生絲之業再與自是年五月十八日至二十六日止經東京及十五縣之蠶戶議定　一設立蠶絲業聯合總部以通内外之消息而增彼此之見識　二各地製絲之人聯合而設公所　三正經銀行或日本銀行在各産蠶絲地方設立分行以爲販運滙兑便利之計　四在横濱設一查驗絲質公局遇有至佳之絲政府酌與賞給以資鼓勵　五各商應用牌記之章程請速定頒發　六在横濱設立一局遇有製造最佳之

絲貨而本商無力輸運卽由該局助之出口以擴消
路按上所載第一條當由民間自行設立蠶絲業聯
合總部因無十分裨益復據長野琦玉宮城三縣稟
請農商務省頒發聯合章程其餘各府縣亦多欲如
此辦理光緒十年農商務省開設講求蠶絲會各府
縣派赴會所人員均稟請頒發聯合章程然農商務
省尚欲查知業蠶絲者意見究竟如何因於光緒十
一年復設繭絲公會並另三宗公會之時六月間再
設會集議蠶絲之事除檢查蛾子局各員外於絲商
及熟悉養蠶製絲人中特選四十二名以議其時所

議之事　一如何設法擇養至佳之蠶種以成至佳之絲　二製造生絲包捆須輕重大小一律　三設立蠶絲聯合公所有無妨礙之處其養蠶製絲之事以分爲兩公所合爲一公所二者孰便衆人集議旣定皆請農商務省須定章程以速爲妙蓋無此章程與衆大爲不便也農商務省見輿論僉同乃就以上各事細爲增定於是年十一月頒發蠶業聯合章程並訂明村鎭等處凡業絲之戶製絲之人皆應聯合而設公所每省設一聯合總公所其府縣等處設一聯合公所或一分公所復在東京設一總部以轄通

國之公所開辦後農商務省復增訂各項專行條例其間至要者皆為譯查今計其各項條例中與查勘之意頗相關繫亟宜陳明者有二　一係農商務省光緒十二年九月所發檢查蠶子防止伯撒靈病條例　一係光緒十二年九月所發檢查蠶子專條也

七查得檢查蠶子預防伯撒靈之病條例所載　一凡做造蠶子及販賣蠶子均須請領准帖　二凡做造蠶子之人均須照此條例以聽檢查　三凡蠶子無檢查印據不准販賣飼養　四檢查蠶子於各府州縣適中合宜之地設立檢查所但視地方情形或

派人前往檢查亦可　五凡檢查蠶子之員由國家派充其檢查之法則另有專條遵奉以行　六凡檢查春蠶子於每年十月初一日爲始檢查夏秋蠶子則由該管官酌量相宜之時爲始　七凡做造蠶子之人春蠶子則將現收子數及做種額數於每年七月二十一日前呈報夏秋蠶子則將現收子數及做種額數於擇定檢查之日期三十日前呈報　八凡做造蠶子之人送蠶子至局檢查宜將住地姓名及何行店屬何聯合公所一一開載並將爲種蠶用之子分別呈明　九凡檢查蠶子如病在百分之五以

內准其爲種蠶子用如病在百分中之十五以內准
爲製絲子用均分別蓋以准用印據如過此分數則
蓋以不准用印據　十凡蠶子蓋有不准印據不得
販賣飼養　十一凡做造蠶子及販賣蠶子之人或
歇業不做或往他府州縣寄籍或移居均須呈明將
准帖繳還若在移居及入籍之處再爲此業仍照第
一條請領准帖　十二凡本條例之第一條及二條
十條如有違犯者罰洋二元至二十五元不等
凡查得檢查蠶子專條所載　一凡按照檢查蠶子
防止伯撇蠶病條例第一條內所載發給准帖應分

別其爲做造蠶子與販賣蠶子之准帖　二凡販賣蠶子之准帖宜用輕便之物而成以便其販賣時易於攜帶　三凡蠶子檢查所宜就各府州縣分治署內設立以省經費　四凡產蠶子數目不多之處其做子之人又復散處則按檢查蠶子條例之第四條派人前往各處合宜之所暫行設局周巡檢查　五凡檢查蠶子之員必須爲蠶業熟習可靠之人其姓名履厤須呈明農商務省　六凡檢查蠶子在蠶子紙全面直條取下蠶子一百粒分爲兩分再取一分分爲十分每分爲五粒每五粒盛之小乳鉢加藥水

一滴細爲研碎用顯微鏡查看其汁於四圍中間詳細察閱此爲一回檢查也如檢查一回中見汁內有克拍司格粒形卽爲該蠶子百分中有二分病之據故查十回每回見有克拍司格粒形卽爲該蠶子百分中有二十分病之據也　七凡爲製絲用之子各子中見其有病則照上第六條檢查如其病在百分中之十五分以內尚可准用　八凡檢查蠶子之顯微鏡須能顯大五百倍以上者方可用　九凡檢查蠶子准用印據圖式徑一寸五分其文曰某府州縣檢查所准爲種蠶子用其准爲製絲子用之印據長

圓式縱一寸八分橫一寸其文曰某府州縣檢查所
准爲製絲子用其不准用印據長方式直一寸橫五
分其文曰某府州縣檢查所不准販賣飼養　十凡
檢查所每年將檢查之事開册於次年二月呈報農
商務省
九查得檢查蠶子條例於光緒十三年開辦查光緒
十三四兩年各府州縣四十五處檢查所呈報每年
所查數目清册內所載該兩年各處檢查僅爲種蠶
之子計光緒十三年所查用舊法所做蠶子紙每百
分得佳者七十七分不佳者二十三分用巴斯陡新

法所做蠶子紙內每百分得佳者五十八分不佳者
四十二分十四年所查用舊法所做蠶子紙內每百
分得佳者八十五分不佳者十五分用巴斯陡新法
所做蠶子紙內每百分得佳者九十分不佳者十分
是可見一年之中蠶子之佳者已多而用巴斯陡之
法其子爲尤佳也

十查日本蠶務近二十年來所產之蠶繭與蠶子紙
生絲亂絲頭數目先後懸殊可知其蠶務日見興旺
今特具圖呈說如繭自同治八年至光緒元年其數
無考二年出一百四十八萬四千担九年出二百七

十六萬五千担十四年出二百九十六萬二千担是十四年較之九年每百分中多七分也如蠶子紙自同治八年至光緒三年其數無考四年出一百三十八萬七千張九年出一百二十三萬二千張十四年出二百三十一萬五千張是十四年較之九年每百分多九十分也其運出外洋之數同治八年爲一百三十七萬七千張光緒九年爲七十五萬張十四年則僅爲七百五十五張如生絲自同治八年至光緒元年其數無考二年出二百四萬九千斤九年出二百八十五萬三千斤十四年出四百六十五萬六千

斤是十四年較之九年每百分中多六十三分也其
運出外洋之數同治八年爲七十三萬斤光緒九年
爲三百十二萬二千斤至十四年則爲四百六十八
萬斤是此五年內每百分中幾多至五十八分也如
亂絲頭自同治八年至光緒六年其數無考七年出
一百二萬六千斤九年出一百七萬三千斤十四年
出一百二十四萬七千斤是十四年較之九年每百
分中多十六分也以上所產之數雖或年分不齊而
多寡已可比較其取數年爲斷者因同治十三年佐
木自奧國回至東京設立講求蠶務所光緒九年農

商務省復有整頓蠶絲業之舉也按數年來日本所產蠶子紙生絲日見其多而繭及亂絲頭不與之俱多其數且相去懸遠則爲蠶多成佳繭之證此皆由日本早用西國查得天然利益之法整頓蠶病以致蠶生有力之明效余曾前往內地查勘蠶事屢見日本國家護助蠶業之意所需種桑之地年漸推廣向來蠶業祇在本道數處今則推廣自通國皆有所設西式之繅絲局亦年見其多茲將產子與繭之分地繪爲兩圖據光緒十二年分所產數目以定因僅有此年各處數目可稽也每一鄉村縣有示諭勸民盡

心蠶事及用意繅絲蓋國家不獨於數年來盡心整
頓蠶病亦急欲製絲使佳今通國繅絲之局日盛而
熟悉繅絲美法之工匠亦衆製出之絲運售如流利
益頗厚實爲日本一大宗商貨圖內所載生絲運出
外洋數目驟增亦一證也況繅絲局倣用西法繅出
之絲極佳現接倪思投函稱本年法京公會蠶考察
院考日本所製之絲奬富岡鎮之繅絲局以超等奬
牌並給他處倣照西法繅絲局金牌者六是日本蠶
務情形如此不數年必爲一盛產蠶絲之國也蓋天
氣既佳土地又便人復智慧其所出之絲諒無能與

之氏且工賤而易於爭售若中國天氣地土人之智慧工之便益固無人不知其較日本尤佳而中國蠶務何不逮日本遠甚蓋中國人多以絲之一物惟中國獨擅之利殊不知於各出絲之國不過十分中居其數分耳僅即日本一國情形以觀已可概見矣日本整頓蠶務不過數年而興旺如此之速者因倣用西國查得天然利益之法耳地之所產各物不能僅恃天時之相宜天時固爲要事而格致家所查新理尤爲至要各國產出之貨物其盛與否亦視其國之人知用格致家查得之新理與否也凡爲一事必應

設法使其減時省工而餘時餘工仍可爲事中之他用則所出貨物不獨易見其多且工本較輕貨物尤完美也查中國之病在各業之人不能聯爲一氣互相輔助各人只計本身所業一端之事而不計所業以外之事譬養蠶者但重養蠶繅絲者但知繅絲而他事不計焉殊不知聯爲一氣彼此均沾利益今日苟欲整頓其事殊覺非易舊法固不能驟變而各人意見亦多不同且非逐細講求持之久遠不爲功但中國情形與日本相近凡事民間不能自新其謀必官爲之倡率西國有何良法倘不示民以准則恐民

終不能自爲此雖一定之理然前陳中國蠶務亟宜設局講求整頓以保利源事宜節畧中曾經申明仍不可强民遵從故開辦整頓之時民間業蠶之事不必過問亦不必訂立章程使人遵守民間蠶務悉聽其便但立養蠶公局如前所擬各法辦理不久民知有益自能相從俟民間稟請訂立章程以防弊端其時再行酌議中國絲業不欲爭勝於諸國則已苟欲與諸國爭勝非按以上各節辦理不可也自古以來未有如今日之勢國中農事及各藝業必由國家經理之保護之其國始能臻於富强焉

蠶桑萃編外記

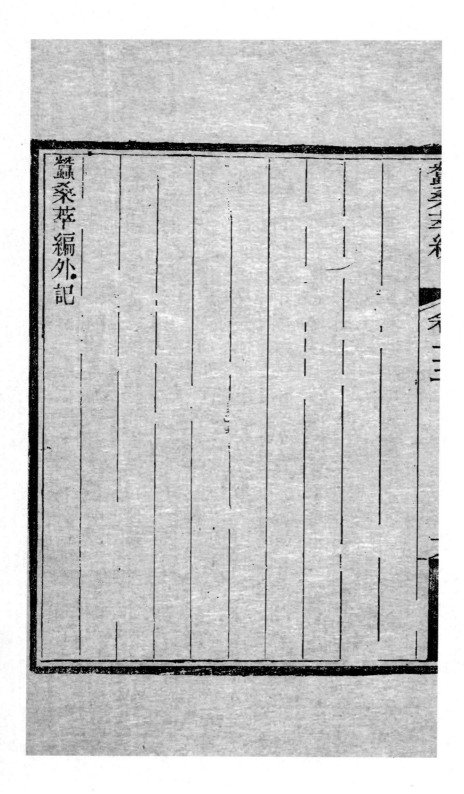

附全四册目録